# 森林报

[苏]比安基/著

肖复兴/主编

吉林出版集团股份有限公司
全国百佳图书出版单位

图书在版编目（CIP）数据

森林报. 春 /（苏）比安基著；肖复兴主编. — 长春：吉林出版集团股份有限公司，2011.7（2022.8重印）

ISBN 978-7-5463-5984-7

Ⅰ. ①森… Ⅱ. ①比… ②肖… Ⅲ. ①森林–少年读物 Ⅳ. ①S7-49

中国版本图书馆CIP数据核字（2011）第143743号

森林报·春

SENLINBAO CHUN

著　　者：［苏］比安基

主　　编：肖复兴

责任编辑：矫黎晗

封面设计：尚世视觉

出　　版：吉林出版集团股份有限公司

发　　行：吉林出版集团青少年书刊发行有限公司

电　　话：0431-81629808

印　　刷：唐山玺鸣印务有限公司

开　　本：880mm × 1230mm　　1/32

字　　数：135千字

印　　张：6.5

版　　次：2011年7月第1版

印　　次：2022年8月第6次印刷

书　　号：ISBN 978-7-5463-5984-7

定　　价：29.80元

如发现印装质量问题，影响阅读，请与印刷厂联系调换。022-29903096

# 序 言

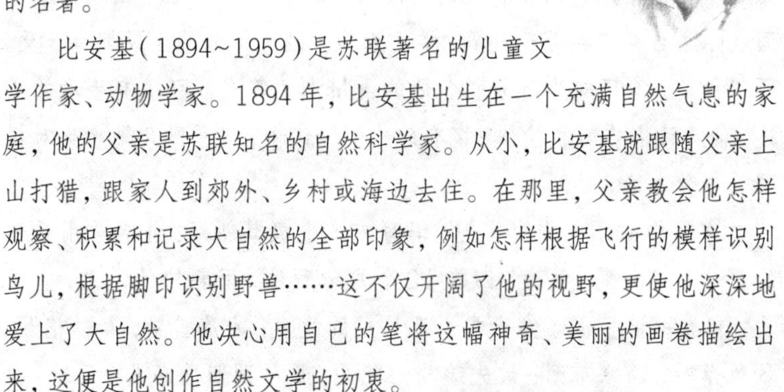

《森林报》是苏联著名儿童文学作家比安基最著名的作品。1924~1925年，比安基开始在《新鲁宾孙》杂志上撰写描写森林生活的专栏，渐渐形成了“报纸”的特点，这就是《森林报》的雏形。1927年，《森林报》结集出版，便有了这部在苏联儿童文学中占有独特地位的名著。

比安基（1894~1959）是苏联著名的儿童文学作家、动物学家。1894年，比安基出生在一个充满自然气息的家庭，他的父亲是苏联知名的自然科学家。从小，比安基就跟随父亲上山打猎，跟家人到郊外、乡村或海边去住。在那里，父亲教会他怎样观察、积累和记录大自然的全部印象，例如怎样根据飞行的模样识别鸟儿，根据脚印识别野兽……这不仅开阔了他的视野，更使他深深地爱上了大自然。他决心用自己的笔将这幅神奇、美丽的画卷描绘出来，这便是他创作自然文学的初衷。

后来他在科学考察、旅行、狩猎及与护林员、老猎人的交往过程中留心观察和研究自然界的各种生物，积累了丰富的素材，为以后的文学创作打下了坚实的基础，使他笔下的生灵栩栩如生，形象逼真动人。

1928年问世的《森林报》是他正式走上文学创作道路的标志。1959年6月10日，比安基在列宁格勒（今圣彼德堡）逝世，享年65岁。他在30余年的创作生涯中，写过大量科普作品、小说和童话，其中，《森林报》是他最杰出的代表作。除此之外，《少年哥伦布》《写在雪地上的书》《无所不知的兔子》《小老鼠比克流浪记》《大山猫历险记》等同样深受广大读者的喜爱。比安基曾坦言自己创作大自然文学的出发点和归宿是传递爱，引导孩子热爱大自然，善待动物。只有这样，热爱祖国的人才能在自己国家的大自然中发现大大小小的奥秘并将它们一一展示出来，从而给予人们享用不尽的乐趣。作为苏联自然文学最突出的代表，比安基被誉为“发现森林的第一人”。

《森林报》于1928年问世（此说据1962年俄文版《简明文学百科全书》，与本书《致读者》所说的1927年不符，立此存照），在此后的几十年里一再重版（至1961年已出到第十版），究其原因，就是它以新颖的视角和独特的表现手法宣扬了“人与自然和谐相处”的主题，具有恒久不衰的生命力。如果说作家在中短篇小说中描写的主要是动物故事及与动物相关的人的故事，那么《森林报》则向读者全面展示了自然界的万千气象，举凡天地水陆大部分的生灵都有涉及。不仅如此，他还对当时苏联各地的山川湖泊等自然环境有生动的描述，使小读者在轻松愉快、饶有趣味的阅读中，潜移默化地产生对祖国的热爱之情。

这部作品不但内容有趣，编写方式也极其新颖：作者采用报刊的形式以春、夏、秋、冬四季12个月为顺序，用轻快的笔调，有层次、有类别地报道了发生在大森林里的故事：冰消雪融，春暖花开，秋风落叶，酷寒难耐；最先绽放的花儿，最早回归的鸟儿；云杉、白桦与白杨之间的“三国演义”；农庄里的稀罕事儿，城市角落里的秘密……比安基用富有美感的文字，将动植物的生活表现得栩栩如生，引人入胜。

关于《森林报》的意义，比安基曾说：“我们的读者应该了解自然界的生活，这样就可以去改造自然，按自己的意愿左右动植物的生活。这样，我们的读者长大之后，就能亲手培育出惊人的植物新品种，管理森林，为国家造福。但是，首先要热爱并熟悉祖国的土地，了解大地上的动植物和它们的生活……”

当时已进入21世纪，经济的发展、科技的进步使人类因对大自然过度的索取而受到大自然愈加强烈的惩罚时，“人与自然和谐相处”的命题从来没有像今天这样严峻地摆在作为万物灵长的人类面前。希望《森林报》又一个中译本的问世，能对中国未来的一代早早地树立起热爱自然、关注环境的理念产生积极的影响。

《森林报》的俄文原版在每次新版问世时，都对上一版有所修订，内容或增或减，但基本栏目保持不变，所增减者仅止原栏目内的篇目或新增栏目。如此看来，谓其“年报”自有道理。从目前我国新出版的几个不同版本的中译本看，由于所据原著版本有别，中译本的内容也略有不同。

本书译文生动精准，纠正了其他译本中很多知识性的错误，且优美流畅，充分展现出原著里的浓厚诗情和盎然生机。另外，本书还配置了300余幅精美插图，由国内著名插画师绘制，图片色彩艳丽、层次分明、神态逼真、生动活泼，极大地提高了阅读的趣味性。引领孩子们在赏心悦目的情境中，走近景象万千的大自然，开始一段浪漫清新的精神旅行，领悟生命轮回的意义。

书中涉及的动植物知识广博，以译者的浅陋，在翻译过程中遇到的困难是很多的，有时可能超过文学经典翻译中所遇的困难，需要查阅许多工具书和资料。即使这样，仍然可能会出现译者力所不逮的问题。对此，谨祈同行和专家批评指正。

# 目 录

## No.1 冬眠苏醒月（春一月）

## No.2 候鸟回乡月（春二月）

## No.3 欢歌曼舞月（春三月）

# 致读者

生活中，我们所见报纸上的报道，多是关于人以及与人有关的事情。这当然不能满足小朋友的需要，因为小朋友们更想知道自然界中飞禽走兽和昆虫植物等的生活状况。

森林里每天发生的故事和城市里的一样多。和人类一样，森林里的居民也按部就班地工作，高高兴兴地过节，也会遭遇到让他们伤悲的事情。动物世界里也有侠义的英雄好汉和为害一方的盗贼匪徒。可是，这一切，在城里的报纸上却很少见到，所以，人们并不了解森林里每天都发生了什么事。

打个比方吧，一定没有人见过这样的报道：寒冷的冬天，在列宁格勒州，有一只小蚊子从泥土里钻出来，因为翅膀还没长成，它只能光着脚丫在雪地上跑来跑去。也一定没有人看到过林中巨人驼鹿打架斗殴、候鸟集体搬家、长脚秧鸡徒步穿越欧洲等这类有趣事情的报道。

可是，在《森林报》上，我们就可以读到这类有关动植物生存状况的趣闻。

《森林报》本来是一份月刊，一个月一期。现在为了方便读者阅读，我们把一年的《森林报》合编成了一本，其中包括编辑部的文章、驻林地记者的电报和信件以及一些和狩猎有关的故事。

我们的驻林地记者都是由什么人担任的呢？有小朋友、猎人、科学家，还有一些林业工作者——这些经常出入森林的人们，非常喜欢与动植物为伍，他们每天都会把发生在动植物身上的有趣的

事情记录下来，然后寄给我们《森林报》编辑部。

合订本《森林报》是在 1927 年首次出版发行的，后来重版了 8 次，每次重版我们都增设了一些新栏目。

我们还曾安排一位特派记者深入森林，和鼎鼎有名的猎手塞索伊·塞索伊奇生活了好长一段时间。他们每天一块儿打猎，休息的时候，坐在篝火旁，塞索伊奇就会给我们的特派记者讲述他的一些有趣的经历。这位猎手的历险故事大大丰富了《森林报》，增强了《森林报》的趣味性。

每期《森林报》都设有竞答游戏栏目，我们给它命名为“打靶场”，看谁回答得最准确。只要读者认真阅读《森林报》，就一定能轻松地回答出游戏设定的问题。每回答对一个问题就“打中”一个目标，得两分。

我们建议读者分组玩这个游戏，大声念题后，把答案写在各自的纸条上，然后，再判断一下谁“打中”得最多，看看最终的获胜者是谁。

许多问题是不必马上回答的，可以通过实地观察后再给出答案。比如，“长脚秧鸡有多高”这个问题，就是有回答期限的，只要在期限内回答正确，就都算“打中”了，所以，在期限之内，你可以到草地上去转转，看看长脚秧鸡到底是什么模样。

《森林报》是一份地方性刊物，编辑部设在列宁格勒，所以，它所报道的，多是发生在列宁格勒州内或市内的有关动植物的故事。

可是，他们的国家面积那么大，当北方边境暴风雪大发淫威，人血管里的血液都快被冻得凝住的时候，南方边陲却是艳阳高照，百花盛开；当西部边区的孩子们正要进入甜美的梦乡的时候，东部边区的孩子们已经在穿衣起床啦……只报道列宁格勒州的自然界新闻的《森林报》，显然不能满足全国读者的阅读要求，读者们更希望看到全国范围内的动植物的新闻。鉴于此,《森林报》特别开辟了“八方来电”栏目,专门刊登来自苏联各地的有关动植物的报道,以飨读者。

《森林报》还有许多有特色、有趣的栏目,在这里一并介绍一下:

塔斯社曾专门报道过《森林报》工作人员的工作情况和所取得的成就,所以,《森林报》特设转载专栏。

《森林报》还设立了一个“通告”专栏,专门刊登追踪能力强的读者的事迹。我们把这样的读者称为“火眼金睛”。

《森林报》专门为生物学博士、植物学家、作家尼娜·米哈伊洛芙娜·帕甫洛娃开辟了专栏。在这个专栏中,我们可以看到帕甫洛娃为《森林报》读者专门撰写的发生在自然界的有趣的故事。

真诚希望我们的读者,能够通过阅读《森林报》更好地了解自然界,了解苏联这片沃土上的动植物和它们的生活,以便长大以后更好地效力于国家。

在最新修订出版的第九版《森林报》中,我们设立了名为“一年:太阳在12个月谱写的乐章”头条栏目,大量刊发生物学博士帕甫洛娃的文章,大大丰富了“农庄新闻”栏目的内容。

此外,还有——

《森林报》战地记者从森林巨兽战场发来的消息。

为垂钓爱好者开辟的“成功垂钓”一栏。

年轻作家基特·维里坎诺夫小说中有趣的游戏,其答案刊登在本书的最后。

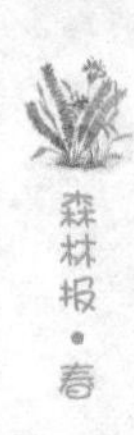

# 本报第一位驻森林记者

前些年，列宁格勒列斯诺伊一带的居民，在公园里会经常遇见一位满头银发的老教授。他那戴着眼镜的双目敏锐而专注，对从身边飞过的每只蝴蝶和苍蝇都细心观察，他还仔细倾听小鸟们欢快的鸣叫。

居住在都市里的人们，不会留意一只新生的小鸟，也不会细心观察春天飞来的一只蝴蝶。可是，森林的春天里出现的任何新景象，都被他认真地看在眼里。

这位教授名叫德米特里·尼基福罗维奇·卡依戈罗多夫。在漫长的半个世纪里，卡依戈罗多夫坚持不懈地观察我们城市和郊区生机勃勃的自然界。在这50年里，四季交替，春去秋来，寒来暑往，都被他深切关注。鸟去燕来，花开花落，树木绿了又黄，生命在有节奏地轮回。卡依戈罗多夫把观察到的一切都一丝不苟地记录下来，并发表在报纸上。

他热情地呼吁别人，尤其是那些年轻人，前去观察大自然，并把写下的观察日记寄过来。在他的感召下，参加大自然观察的人越来越多，观察队伍不断壮大。

到如今，热爱大自然的人们，包括科学家、地方志学者，还有小学生们，都像卡依戈罗多夫那样，养成了认真观察的习惯，在持续不断地做着记录和收集工作。

50 年间，卡依戈罗多夫积累了大量的观察记录。他把这些第一手资料分类整理，汇集起来。得益于他经年累月、持之以恒、耐心细致的工作，再加上其他科学家和众多无名读者的努力，我们这才弄明白，春天都有哪些鸟、在什么时候飞到这儿来，秋天它们又是在什么时候飞走的；才清楚地知道，花草树木的生长和发育过程。

卡依戈罗多夫教授写下许多科普作品，向孩子们和成年人介绍有关鸟类、森林和田野的知识。他还在学校里做过老师，但他坚持认为，孩子们要想真正熟悉祖国、了解大自然，不能只依靠书本，而应该深入到森林和田野中去。

卡依戈罗多夫身患重病，多年来饱受折磨。1924 年 2 月 11 日，他还没来得及迎来春天，就永远离开了我们。

让我们永远怀念他。

# 森林年

我们的不少读者都以为,《森林报》上刊登的林中轶闻和城市要闻都是些陈年旧事,这是误解,是不符合事实的。其实,虽然年年都有春天,但每一个春天都是富有新意的,不管你活了多大年纪,所见的绝对没有两个完全相同的春天。

每一年都像是一个有着 12 根辐条的车轮,每个月就是其中的一根辐条。12 根辐条依次滚过,车轮子就转了一圈儿,接下去又该第一根辐条滚动了。但是,此时的车轮已经离开原地,来到了新的地方。

又一次春回大地!森林从睡梦中醒来,结束冬眠的熊从洞穴爬出;春水漫过,淹没了小动物的地下洞

穴；鸟儿又飞了回来，开始嬉戏与舞蹈；野兽们恢复活力，也开始繁育子女。而我们的读者，又可以通过《森林报》了解森林中所有新鲜的事情。

在这里，我们的刊载都使用森林年历。这份森林年历与常见的年历不大相同，这一点也很有趣。

因为动物过着与我们人类不一样的生活，所以，它们当然应该有自己的独特历法。要知道，森林里的树木花草、飞禽走兽都是按照太阳的运转来安排自己的生活。

太阳在天上转上一圈儿，地上就是一年。太阳走过一个星座，度过黄道带上的一宫，一个月就过去了。这里所说的黄道带，就是十二宫的总称。

森林年历里的新年是在春季，而不是在冬季，这个时候，太阳正好走到白羊宫。在迎接太阳的日子里，森林里到处都是一派喜气洋洋；而在送别太阳之时，则是愁云惨淡的景象。

参照着普通的历法，我们也把一个森林年历分成 12 个月，按照森林里的具体情形，给每个月另取了新名。

# 森林历

## 月　份

1 月——冬眠苏醒月（春一月）——3 月 21 日到 4 月 20 日
2 月——候鸟回乡月（春二月）——4 月 21 日到 5 月 20 日
3 月——欢歌曼舞月（春三月）——5 月 21 日到 6 月 20 日
4 月——鸟儿筑巢月（夏一月）——6 月 21 日到 7 月 20 日
5 月——雏鸟出生月（夏二月）——7 月 21 日到 8 月 20 日
6 月——结队飞行月（夏三月）——8 月 21 日到 9 月 20 日
7 月——候鸟辞乡月（秋一月）——9 月 21 日到 10月 20 日
8 月——粮食储备月（秋二月）——10月 21 日到 11月 20 日
9 月——冬客临门月（秋三月）——11月 21 日到 12月 20 日
10月——小道初白月（冬一月）——12月 21 日到 1 月 20 日
11月——啼饥号寒月（冬二月）——1 月 21 日到 2 月 20 日
12月——熬待春归月（冬三月）——2 月 21 日到 3 月 20 日

3月21日～4月20日　　　太阳进入白羊宫

# 森林报

## No.1

冬眠苏醒月

（春一月）

# 一年：太阳在12个月内谱写的乐章

## 喜迎新春！

3月21日是春分。这天白天和黑夜一样长：天空中太阳待半天，月亮待半天。这天也是森林生物喜迎新春的节日。

民间有句谚语说："三月暖风吹，冰棍儿化成水。"太阳赶跑了冬天，阳光使积雪变得松软起来，平坦的雪层上出现了许多蜂窝状的小孔。往日白净的雪也变得灰蒙蒙的，再也不像冬季那样了，看来它在太阳的热情下也屈服了！看雪的颜色发生了变化，我们就知道冬天马上就要结束了。屋檐上挂着的一根根小冰棍儿，化成了一滴滴水，不断往下滴，一滴、两滴……地面上逐渐汇成了一个个水洼。街头的麻雀互相招呼着，欢快地在水洼里扑腾着双翅，想洗掉自己羽毛上积累了一冬的灰尘。花园里，山雀们银铃般的歌声传了出来。

春天扑扇着阳光翅膀飞临人间，遵循着严格的工作秩序。首先是将大地从积雪的覆盖下解救出来：阳光使白雪一片片地融化，土地露了出来。此时河湖还在冰雪下沉睡，森林也在积雪下酣眠。

3 月 21 日这天清早，人们会按照俄罗斯古老的风俗，用洁白的面粉做成云雀的样子烤着吃。这是一种形状小巧的面包，前面捏出了个鸟嘴，再用两颗葡萄干做双眼。人们还要在这天打开鸟笼放生，按照新习俗，这天也是爱鸟月的第一天。孩子们会在这天为生有翅膀的朋友们操劳。他们在树上挂满了鸟屋，有椋鸟窝、山雀窝和树洞式鸟窠；把树枝捆扎起来，方便鸟儿做窝；他们还会为小客人们建立免费餐厅；学校和俱乐部还会举办报告会，他们会详述鸟类保护我们森林、田地、果园和菜园的情况，仔细宣传怎样爱护和欢迎这些活泼可爱、挥舞着翅膀的歌唱家们。

3 月，母鸡们也可以在家门口畅饮甘甜的春水了。

# 林中轶闻

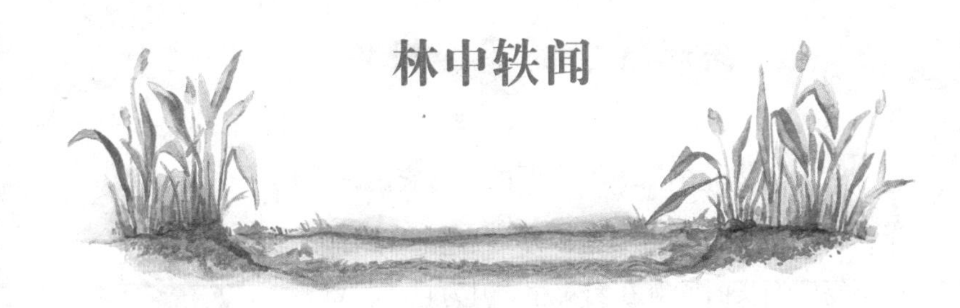

## 来自森林的第一封电报

### 白嘴鸦拉开了春天的帷幕！

白嘴鸦拉开了春天的帷幕。积雪融化后显露的土地上，聚集着一群群白嘴鸦。

秋天，白嘴鸦会飞到南方过冬。现在它们正匆忙地飞回故乡。它们在回家的路上遭到了暴风雪的多次猛烈袭击，几十、几百只白嘴鸦因过度疲乏而长眠在路上了。

第一批飞回故乡的白嘴鸦是最强壮的，现在它们正在休息。它们在城市和乡下的道路上慢条斯理地踱着方步，用坚硬结实的尖嘴翻刨着泥土。

浓黑厚重、遮天蔽日的乌云消散了，徜徉在蔚蓝天空上的是雪堆一样的浮云。第一批野兽幼崽出生了。驼鹿和狍子长出了新犄角。黄雀、山雀和戴菊鸟在森林里欢歌。我们在等待椋鸟和云雀从南方飞回来。人们在被崛起的云杉树根下发现了熊窝，他们在熊窝旁轮流守候，只要熊一露面，就能第一时间向外界报道。层层冰雪下，一股股雪水正悄悄地汇成小溪。树上融化的雪水不断往下滴。夜里，严寒又把融化的水重新冻成冰。

本报特派记者电

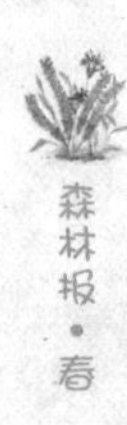



## 新春降生的第一只蛋

白嘴鸦是森林里最早产卵的鸟。它的窝就建在高大的云杉上，树上还覆盖着厚厚的积雪。乌鸦妈妈们长时间卧在窝巢里，因为它们怕蛋被冻坏，小乌鸦被冻死。食物只能由乌鸦爸爸送给它吃。

## 雪地里的兔宝宝

积雪还覆盖着田野，兔妈妈就生下了一窝兔宝宝。

兔宝宝一出生就睁开了眼睛，它们身上裹着一件厚软暖和的小皮袄。它们一落地就能跑跳，经常在吃饱了之后四散开去。但是它们会藏在灌木丛和草丛里，乖乖地趴在那儿，不出声，不乱动，更不会调皮捣蛋。兔妈妈则跑得无影无踪。

一天，两天，三天，兔妈妈只知在野地里蹦跳，早已经忘记了孩子们。可是兔宝宝仍旧趴在原地。它们可不能乱动，也不敢到外面乱跑，否则就会被鹞鹰瞧见或是被狐狸跟踪。

兔妈妈终于从远方跑回来了。不对，它不是兔宝宝们的妈妈，这只是一位过路的陌生兔阿姨。但是饥饿的兔宝宝实在没有办法，就跑到它跟前吱吱地央求："喂喂我们吧！""好吧，好吧，那就过来吃吧！"大方的兔阿姨喂饱了兔宝宝们，又跑开了。

兔宝宝再次回到灌木丛里老老实实地趴着。它们的亲妈妈此时不知道在什么地方喂着谁家的兔宝宝呢。

原来兔妈妈们已经约好了：所有的兔宝宝都是大家的孩子。不管哪一只兔妈妈在什么地方碰见兔宝宝，都得给它们喂奶。不管是自己的孩子，还是别人的孩子，兔妈妈都一视同仁！

你们以为兔宝宝离开了父母的抚养，生活就会很艰难吗？才不是这回事呢！兔宝宝身上裹着厚暖的皮袄，兔妈妈的奶水又浓甜味美，它们只要吃一顿，就可以撑上好多天呢。

出生后八九天，兔宝宝就能吃草了。

## 率先开放的花儿

第一批绽放的花儿出现了！但是不要在地面上寻找，现在地面上正覆盖着积雪。在森林的边缘，有潺潺流动的河流，河水已经漫到了岸边。瞧！就在这儿，在那褐色的春水上，有一棵光秃秃的榛树，树梢上，第一批开放的花儿就在那里啊！

树枝上垂下一根根灰色的小尾巴，柔软且富有弹性，它们被

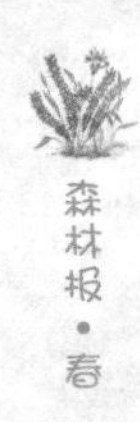



称为柔荑花序。但是它们其实和柔荑花序又有不同。如果摇一下这小尾巴，里面就会有很多花粉飘飘扬扬地撒落下来。

更奇怪的是，树枝上竟然还开着其他的花儿。这些花儿两三朵聚在一起，很容易被误认为嫩芽。每个“嫩芽”的尖儿上都伸出了一对细细的、红红的线状物。原来这是雌花的柱头（花朵中雌蕊的尖端），能接受从其他树枝上飘来的花粉。

风，自由自在地在光秃秃的树枝间穿行。枝上没有树叶，因而无法阻止它去吹动柔荑花序似的小尾巴，也无法阻挡雌花接受飘来的花粉。

榛树花儿终究是会凋落的。到那时，柔荑花序似的小尾巴就会逐渐脱落，红线状的柱头也会慢慢干枯，所有这样的花儿最后都会变成一颗榛子。

尼·帕夫洛娃

## 春天的伪装

森林里，凶猛的动物经常袭击温顺的动物。不论在哪里，只要它们发现对方，就会猛扑过去，捉住它们。

冬天，小兔和山鹑换上白衣，人们很难在雪地上发现它们。但是现在积雪正在融化，很多地方已经露出了土地。那些狼呀，狐狸呀，鹞鹰呀和猫头鹰呀，还有白鼬、伶鼬等小型食肉动物，隔很远就能看到那些积雪融化后的黑土地上的白衣裳。

于是，小兔和山鹑想了个妙计。到了春天，它们就褪去白衣裳，换上其他颜色的新衣裳。白兔换了灰衣，山鹑则褪掉了全身的白羽毛，换上褐色和红褐色相杂、带有黑条纹的新羽毛。换装后，小兔和山鹑就很难再被发现了。

这样一来，那些食肉小兽也只能乔装改扮了。冬天，伶鼬浑身雪白，白鼬也一样，只有尾巴尖儿是黑的。那时，它们能在雪地里悄悄接近温顺的小动物，在白色皮毛的掩盖下它们很难被对方发现。可是现在它们也得变换毛色了。它们都换上了一套灰衣服。不过白鼬的尾巴尖儿上仍旧带着黑斑，但是不管是冬还是夏，尾巴尖儿上的黑斑并没有坏它的好事。要知道，雪地上到处都是灰尘和腐叶，有黑斑是很正常的。土地上和草地上的黑斑就更多了。

## 过冬的客人

在列宁格勒州的各条道路上，随处都可以看到一群群的小鸟。它们长着白色的羽毛，样子很像黄鹀。这是飞到我们这里过冬的客人，它们是铁爪雪鹀。

遥远的北冰洋沿岸和其中的岛屿是它们的家乡。不过那里现在仍然是冻土，要过很长时间才能解冻。

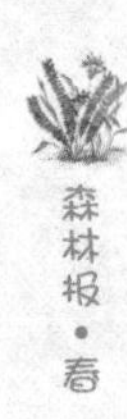


## 森林雪崩

森林里突发了一场雪崩。

松鼠的窝搭在云杉的枝杈间。事情发生的时候，松鼠一家正在暖和的窝里睡大觉、做美梦呢。

突然，一团沉甸甸的雪球从高高的树梢上坠落下来，直接砸在它家的房顶上。受惊的松鼠立刻从窝里跳了出来，但是刚出生不久的松鼠宝宝还在窝里呢，孤单脆弱的它们此刻正需要帮助。

松鼠妈妈立刻挖开雪层。幸运的是，这从天而降的雪球只是压住了屋顶，这房顶是用坚固的粗树枝搭起来的，很结实，铺着柔软暖和的苔藓的圆巢并没有受到任何破坏，窝里的小松鼠们也没有被惊醒。这些松鼠宝宝真是太小了，它们浑身光溜溜的，眼睛还没有睁开，也听不到声音，和刚出生的小老鼠差不多。

## 湿漉漉的卧室

积雪不断融化。居住在地下的动物们，日子异常艰难。鼹鼠、鼩鼱、野鼠、田鼠和狐狸，以及所有把家安在地下洞穴里的动物们都被洞穴里的潮气折磨得很痛苦。如果冰雪全都化成水，它们该怎样过呢？

## 奇异的"茸毛花"

沼泽地里的雪全化了，水充满了草丛间的空隙。草丛下，一些银白色的小穗儿在光滑的绿茎上晃动着。难道它们是去年秋天来不及飘走的草籽吗？难道它们就这样在冰雪下度过了整个冬天？看起来不太像。它们那么干净，那么新鲜，很难让人相信是上一年剩下来的。

你只要采下小穗儿，拨开茸毛，就会明白了。原来它们是花儿，那些像丝线一样的白色茸毛中，露出了金黄色的雄蕊和细丝般的柱头。

羊胡子草的花儿就是这样的，花儿上的茸毛是用来保暖的。羊胡子草开花时，夜晚还冷着呢。

尼·帕夫洛娃

## 四季常青的森林

不仅是热带和地中海沿岸，常绿树木在俄罗斯北方的森林里也有。现在是新春第一个月，我们的森林中生长着一些常绿灌木，到这样的森林里去游览，既看不到黑色的烂叶，也看不到令人沮丧的枯草，真让人感到高兴啊！

森林里的小松树蓬松可爱，绿中透着淡灰色，远远地就吸引了人们的注意。如果能在这些可爱的小松树中间停留片刻，心情肯定会更加愉快！这里，每种生物都生机盎然：柔软的苔藓泛着绿油油的光泽；越橘的叶片闪闪发亮；石南纤细柔嫩的枝条长满了好像鳞甲一样的奇特叶芽，优雅的枝条上还残留着去年开放还未凋谢的淡紫色小花。

如果你走到沼泽边，就能够看到一种常绿灌木：蜂斗菜。它的叶片是墨绿色的，叶边缘向上卷着，露出了泛着白光的叶背，好像涂了一层白色颜料一样。但是你站在这种小灌木前时，很难注意到这些叶片，因为还有一种更有趣的东西吸引着你的注意力：这就是蜂斗菜的花儿！这些粉红色的小花儿像铃铛一样，和越橘花十分相似。在这个温度还很低的早春季节，能在户外看到花儿，真是一件令人惊喜的事情！为什么不采一束带回家呢，绝对没有人相信这些花是从林子里采来的，人们一定会以为是温室里培育出来的。

因为在早春季节，很少有人会去森林里散步的。

尼·帕夫洛娃

## 白嘴鸦和鹞鹰

“啪——啪！呱——呱！”不知道什么鸟从我的头上飞过去了。我向空中望去，原来是5只白嘴鸦正在追赶一只鹞鹰。鹞鹰不停躲闪，但还是被白嘴鸦们给追上了。白嘴鸦用尖嘴狠狠地啄着它的脑袋，鹞鹰被啄得嗷嗷惨叫，好不容易才逃脱了。

我站在高山上，向远处眺望。看到一只鹞鹰停在树上休息，忽然不知道从哪里冒出来一大群白嘴鸦，它们叫嚷着，一起向鹞鹰扑去。鹞鹰陷入了困境，它大叫一声，凶狠地向白嘴鸦反扑。白嘴鸦害怕地闪开了。鹞鹰趁机敏捷地振翅冲向高空，无人能够阻挡。白嘴鸦们只好眼睁睁地看着即将到手的猎物逃向远方，无奈地四散飞到田野中去了。

驻森林记者　H. 梅什亚里耶夫

## 来自森林的第二封电报

椋鸟和云雀唱着歌儿，从南方飞回来了。

我们的记者等了很久，熊还是没有动静。这让人很纳闷，他们想：难道熊被冻死在洞穴里面了？

突然，雪蠕动起来了。

啊！雪被拱破了，可是露面的却不是熊。没人见过这种怪物，和大猪崽差不多大，浑身长着毛，黑肚子，灰白色的脑袋上长着两道黑条纹。

原来这不是熊窝，是獾洞，从洞中钻出来的是一只獾。

现在，冬眠结束了，獾不再睡觉了。它要在每天夜里去森林里找蜗牛、小虫和甲虫吃，去啃食植物的细根，还会抓野鼠吃。

记者在森林里再次寻找。又找到一个熊窝，这回可是一个真正的熊窝。

熊还在沉睡。

雪水漫延到冰面上。

积雪不断地塌陷。黑琴鸡在忙着求偶；啄木鸟在啄树干，“笃笃”的声音像敲鼓一样。

凿冰的白鹡鸰也飞回来了。

道路已经泥泞不堪，已走不了雪橇，农场里的人们便放弃了雪橇，赶起了马车。

本报特派记者电

# 城市要闻

每个夜晚，猫儿们都会聚集在房顶举办音乐会，它们很喜欢这种形式的音乐会。但是，每次音乐会总是会以歌手们大打出手而收场。

## 阁楼人家

近期，《森林报》的一名记者为了调查阁楼人家的生活状况，跑遍了市中心的许多房屋。

在阁楼角落里安家的鸟儿们很满意它们的生活环境。谁感到

冷了，就可以离壁炉的烟囱近一些，这样可以获得免费暖气。鸽妈妈已经开始孵卵了；而麻雀和寒鸦正在四处搜集稻草造窝，它们还要搜集绒毛和羽毛做床垫呢。

唯一让鸟儿们苦恼的是，可恶的猫儿和淘气的小男孩们经常会毁坏它们的窝。

## 麻雀的恐慌

尖叫声、吵嚷声和打闹声从椋鸟的家门口传来，局势乱作一团，羽毛、绒毛和细草茎随风飞扬。

原来房子的主人椋鸟回到家里，发现麻雀占领了它的巢穴。这可把它气坏了，它抓住麻雀，一只只往外轰，然后又把麻雀们的绒毛垫子扔出了门，将窝打扫得干干净净，不留一点痕迹。

有个泥水匠正站在脚手架上，修补屋檐下的裂缝。几只麻雀在房顶上蹦蹦跳跳的，用一只眼睛向屋檐下瞅。突然，麻雀们尖叫一声，猛地向泥水匠脸上扑了过去。泥水匠赶紧举起抹灰的小铲子赶它们。他哪里知道，自己刚刚用灰封住的是麻雀的窝巢，而麻雀妈妈刚刚在里面下了蛋。

“叽叽喳喳”的叫嚷声中双方打成一片，风中再次飘起了绒毛、羽毛。

驻森林记者　尼·斯拉德可夫

## 无精打采的苍蝇

一些大苍蝇出现在街头上，它们全身泛着金属光泽，绿中带蓝。像是到了秋天一样，它们看起来精神萎靡。它们还不会飞行，只能勉强依靠自己的细腿沿着墙缓慢地爬行。

这些硕大的绿头苍蝇整个白天都在晒太阳，到了晚上就爬回墙壁或篱笆的缝隙里去了。

## 苍蝇，小心流浪汉！

一群四处游荡的蜘蛛出现在列宁格勒的街头上，它们的名字叫苍蝇虎。

俗话说：狼游荡，万物伤。苍蝇虎这种蜘蛛也是这样，它们不会像一般蜘蛛那样去编织结构巧妙的蛛网，只会四处游荡，然后潜伏起来，看到苍蝇和其他昆虫时，就猛地一跳，扑到它们身上，然后把它们吃掉。

## 晒太阳的迎春虫

一些灰色的小虫子呆头呆脑地从河面浮冰缝隙里爬上来。爬上岸后，它们脱下了皮外套，变成了长翅膀的小虫。它们有着苗条、匀称的身材，这不是苍蝇，更不是蝴蝶，它们是迎春虫。

迎春虫有双长长的翅膀，身体很轻，但是这时还不会飞。它们的身子很弱，还要晒会儿太阳才行。

迎春虫们过马路时，路上的行人会经常踩到它们，马蹄也会时不时地践踏它们，车轮更是经常碾轧它们，还有麻雀也不住地啄食它们，但是它们仍然不顾一切地往前爬。迎春虫的数量成千上万，多得简直数不清。

已经爬过马路的迎春虫，就爬到房屋墙壁上，尽情地晒太阳去了。

## 列斯诺伊观察站

卡依戈罗多夫教授，著名的自然科学家，是第一个在列斯诺伊开始做物候学观察的人。至今，这项活动已经持续了80年。

全苏地理协会附设了一个以卡依戈罗多夫命名的专门委员会，主管全国生物气候学观察工作。

各地喜欢生物气候学的人都可以把观察情况寄给这个委员会。经过多年积累，委员会已经掌握了大量资料。他们对诸如鸟类的迁徙、植物花开花落、昆虫的活动等材料的研究，可以编成一部“自然通历”。这对于我们制定天气预报和安排各种农事活动的日期有很大帮助。

如今，列斯诺伊地区物候观察站成立已经50周年了，这里还建成了全国中心物候观察站。迄今为止，世界上有50年历史的同类观察站也只有三座。

## 为椋鸟修建住宅

如果想让椋鸟在自家花园里落户的话，那就赶快准备一座鸟屋吧。鸟屋应该洁净，屋门要小，这样椋鸟可以钻进去，而猫儿又钻不进来。

还要在门内再钉上一块三角形的木板，这能让猫儿的爪子无法够到椋鸟。

## 群蚊乱舞

在晴暖的日子里，蚊虫们已开始在空中跳舞了。但是你不用怕，这些小蚊子并不会叮人，它们只会乱舞。

蚊虫挤作一团，密密麻麻地聚成大群，像根不断旋转的圆柱子一样停留在半空中。它们你推我挤，互相推搡着、飞舞着绕成一团，聚集在一起，天空仿佛布满了黑斑，就像人脸上长满了雀斑一样。

## 最先出现的蝴蝶

蝴蝶开始飞出来呼吸新鲜空气了，它们在太阳下晾晒着双翅。

最早出现的一批蝴蝶，是那些黑褐色中布满红点的荨麻蛱蝶和浅黄色的黄粉蝶。它们隐藏在阁楼上度过了整个冬天。

## 公园中

在公园和花园中，有着淡紫色胸脯和浅蓝色脑袋的雄苍头燕雀，歌声嘹亮。它们聚集在一起，等候着雌燕雀的到来。雌燕雀们抵达经常比它们晚。

## 新造的森林

全苏造林会议正在召开，林务员、造林专家和农技师等人和列宁格勒的市民代表们一起出席了这次会议。

为有效在我国草原地区造林，人们已经在过去的 100 多年里不间断地实施了草原造林工程。我们已经选定了 300 种乔木和灌木作为树种，它们能够适应不同的条件，生长也最为稳定。例如，

科学家们已经发现，锦鸡儿、忍冬以及与其他灌木混杂在一起的橡树，完全能适应顿河草原的水土条件。

工厂已研制出了新机器，可以在短时间内、在大面积土地上迅速种满树木。迄今为止，全国建造的森林面积已经有数十万公顷。

最近几年，国家还准备营造数百万公顷的新林区，这有益于提高耕地产量和使用效率。

塔斯社列宁格勒讯

## 春之花

款冬黄色的小花儿开满了花园、公园和庭院里的每一个地方。

街头巷尾的卖花者也开始出售一束束在森林里采摘的早开的春花。卖花人将这种花称作“雪下紫罗兰”。不过不管是在颜色上还是在香味上，这种花和紫罗兰都有些差别。事实上，这种花的真正名称是“蓝色獐耳细辛”。

树木也正在苏醒过来，白桦树的树干里树液正在流动呢！

## 漂浮过来的动物

春天到了，一条条溪水在林区的公园和峡谷里欢快地奔流着。我们的几名记者用石块和泥土在一条小溪上垒起了一道拦水坝，然后耐心地等待着，看看究竟会有什么动物漂到小池塘里。

等了很长一段时间，也没见有什么动物光顾。只有一些碎木片和小树枝顺着溪水漂过来，在小池塘里不停地打着旋儿。

稍后，一只沉在水底的死老鼠被水冲了过来。它不是常见的长尾灰色家鼠，而是田鼠，它的皮毛是红棕色的，尾巴很短。这只田鼠也许已经在雪下躺了整整一冬了，现在雪融化成了水，它便被溪水冲进了临时池塘。

然后，一只黑甲虫也顺着溪水漂进了水塘。甲虫在漩涡里挣扎着，却始终爬不上岸。一开始，人们认为它是一只水栖甲虫。可是捞起来一看，才发现它原来是一只最讨厌水的陆栖甲虫：屎壳郎。看来，屎壳郎也睡醒了。很明显，它不是自己跳到水里的。

后来，又有一位不请自来。它长长的后腿一蹬一收，自己游进了小水塘。你们猜一猜它是谁？对了，是只青蛙啊！四周还覆盖着白雪，但是这只青蛙一看到水马上就游过来了。它从池塘里爬上了岸，然后就蹦蹦跳跳地跳进了灌木丛。

最后游过来的，是一只小兽。它的皮毛是褐色的，很像家鼠，只是尾巴短得多，原来是只水老鼠。为了过冬，它贮藏了许多粮食。可是现在已经到了春天，恐怕它也已经吃光了冬粮，这才出来找食物的吧。

## 款　冬

款冬纤细的草茎早就在小丘上一丛丛地出现了，每一丛细茎都构成了一个小家庭。高昂脑袋的是年长茎条，它们身材苗条而粗短矮笨的年轻茎条则紧挨着它们。

另外一些茎条的模样滑稽可笑，它们站在那儿弯着腰，低着头，像刚刚出生的婴孩一样，怯生生、羞答答的。

每个小家庭都是从一段地下根茎中发育出来的。从上年秋天开始，这段地下根茎就为它们储藏好了养分。如今，这些养分已经快要消耗完了，但是还能供应整个花期。过不了多久，每个小脑袋就会变成一朵黄花，花瓣呈辐射状。准确地说，它们并不是花，而是花序，是一大束挤作一团的紧密小花。

花儿凋谢时，叶子就会从根茎里长出来。而这些叶子的任务就是为根茎重新制造、储藏养分。

尼·帕夫洛娃

## 空中喇叭声

黎明时分，阵阵喇叭声从天空中传来，列宁格勒的人们感到很奇怪。城市还没有睡醒，街头巷尾也很安静，这些喇叭声听得特别清楚。

视力好的人只要仔细瞧瞧，就能看见大群大群的白色大鸟从

白云下飞过，它们伸着长长的、直直的脖子。这是一队爱鸣叫的野天鹅。

这些野天鹅每年春天都要从我们城市上空飞过，一边飞一边发出“克鲁、克鲁”的嘹亮鸣叫声。因为城市里人声鼎沸，车声隆隆，这些鸣叫声很难被我们听到。

这时，白天鹅们正急着飞到科纳半岛阿尔汉格尔斯克地区，飞到北德维纳河两岸去筑巢。

## 庆祝会通行证

孩子们在静候长着羽毛的朋友们。大队委员会给每位少先队员都分派了任务：每人做一个椋鸟房。

孩子们都在为这事忙碌着。附近有个木工厂，如果谁还不会做椋鸟房的话，可以到那里去学习。

为了使鸟儿们在我们这里落户，孩子们在学校的花园里搭建了许多鸟屋。这一行动成功后，可以使苹果树、梨树和樱桃树受到鸟儿的保护，避免被青虫和甲虫等害虫糟蹋。等到庆祝爱鸟月那一天，每位少先队员都要带着自己做的椋鸟房到会场上来。孩子们已经约好了：这些椋鸟房就是我们参加庆祝会的通行证。

驻森林记者　沃洛佳·诺维

任尼亚·科良吉根

## 来自森林的第三封电报（急电）

我们在熊窝附近轮流守候。

猛然，什么东西从下面拱起了积雪，接着一只又大又黑的野兽脑袋拱了出来。

先钻出洞口的是熊妈妈，两只小熊紧跟在它身后钻出了地面。

我们看见熊妈妈张大了嘴巴，美滋滋地打了个大哈欠。然后它就走进了森林。小熊淘气地蹦跳着，跟在后面。刚刚看起来还很消瘦的熊妈妈，这会儿浑身的毛都蓬松起来了。

现在，熊妈妈在森林里四处游荡。酣睡了这么长时间，它一定饿得很厉害，看到什么吃什么：树根、往年的枯草、浆果，什么都变成了它的美餐。如果遇见一只小兔儿，当然更不会放过。

## 春潮涌动

寒冬的统治已经结束了，云雀和椋鸟正在唱歌。

春潮冲破了坚冰的钳制，冲进了自由世界，奔向广阔的田野。

田野之中发“水灾”了，阳光映红了积雪。积雪下露出了喜滋滋的碧草。

在春潮涌动的地方，出现了第一批野鸭和大雁的身影。

我们看到了今年露面的第一只蜥蜴。钻出树皮后，它就爬到树墩上晒太阳去了。

每天的新闻都有很多，繁忙的我们无法及时地将它们全都记录下来。

泛滥的春潮，将城乡间的交通隔断了。

我们会派遣信鸽将有关动物在春汛时遭受灾情的稿件寄去，在下期《森林报》上刊登。

本报特派记者电

# 农场纪事

## 农场新闻

### 拦截春水

田野中积雪融化而成的水，竟然没有经过任何人的允许，就想任性地私逃到洼地里去。

场员们及时将出逃的春水拦截了，他们用结实厚重的积雪在斜坡上垒起了一道横堤。

雪水被堵在田里，开始悄悄渗进泥土。

田中居住的绿色居民们感到水正缓慢地流到自己的根旁，它们禁不住喜气洋洋。

### 100个新生儿

昨天晚上，在“突击队员”农场的猪舍里，值夜班的饲养员

为母猪们接生，一共出生了100只小猪崽。它们全都非常肥硕壮实，不断地哼哼乱叫。9位年轻幸福的母亲，一直在焦急地等待着饲养员们把全身粉红色、长着小尾巴和翘鼻子的新生宝宝们送来喂奶。

## 乔迁新居的马铃薯

马铃薯从冰冷的仓库里搬进了暖和的土壤新房。

被播种的它们对新家很满意，愉快地准备发出新芽。

## 绿色要闻

商店里正在出售新鲜的黄瓜。蜜蜂们可没有给这些黄瓜授粉，阳光也没有使它们生长的土地变暖。

但是它们仍然是货真价实的黄瓜：圆滚肥硕，壮实多汁，身上长满小刺。香味儿也确实是黄瓜的清香味儿，不过它们是在温室中长大的。

## 援助"饥民"

积雪全都融化了，田野里长满了低矮瘦弱的小苗。但是田野还没有睡醒，小苗的根无法从土中吸取任何养分。可怜的小苗只能饿着肚子了。

农场的人们十分珍爱它们。原来这些瘦弱的小苗并不是野草，而是秋天种下的小麦。农场早就为它们准备好了营养丰富的大餐，有草木灰、鸟粪、厩肥和营养盐。

大餐将从空中食堂分发给那些正在忍饥挨饿的朋友们。

过不了多长时间，田野的上空就会有飞机飞过。飞机会撒下“美餐”，保证让每一棵小苗都吃个肚儿圆。

# 狩 猎

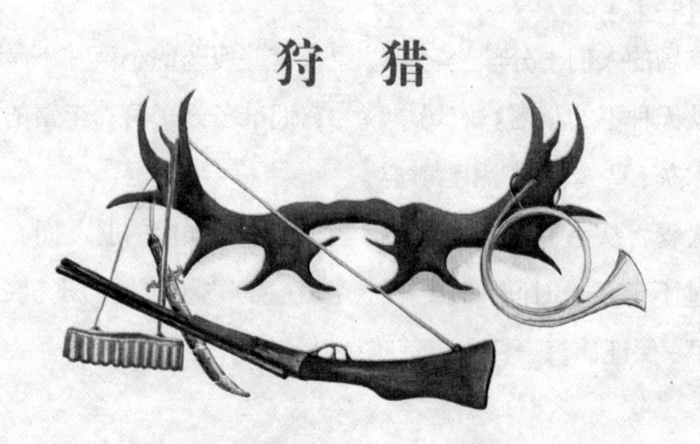

按法律规定，春天的狩猎期很短。若春天提前到来，就可以提前狩猎；若春天迟到，狩猎也只好延迟。

春天狩猎时，不准带猎狗，只能猎捕那些森林里和水面上的鸟儿，而且只能猎取雄性的，比如雄野鸡和雄野鸭，不准猎取雌性的。

## 猎捕求偶的鹬鸟

白天出城的猎人，在傍晚就能抵达森林。天色灰暗，没有风，下着小雨，正是个温暖的黄昏，这样的天气正适合鸟儿求偶。

在森林边儿上，猎人选好了位置，他倚靠在小云杉上，周围是一些低矮的赤杨、白桦和云杉。还有 15 分钟太阳才会落山，这段时间可以抽会儿烟，再晚一会儿就不行了。

猎人聆听着森林里各种鸟儿的歌声。尖耸的枞树梢上传来了鸫鸟高亢的歌声，红胸脯的鸲鸟则在树丛中低哼着。

太阳落山了，鸟儿们逐渐安静下来，最后连最爱唱的鸫鸟和鸲鸟也沉默了。

现在，要注意了，竖起耳朵，仔细听！忽然，一阵“蚩儿科、蚩儿科——嚯儿、嚯儿”的叫声在寂静的森林上空传响。

猎人猛然颤抖了一下，将枪往肩膀上一扛。他静静地站着，屏息细听，声音是从哪里传来的呢？

“蚩儿科、蚩儿科——嚯儿、嚯儿！”

“蚩儿科、蚩儿科！”

竟然来了两只！两只长嘴的丘鹬，快速扑扇着双翅向前疾飞，从森林上空掠过。一只紧追着另一只，但又不像在打斗。看起来是雄鸟在追求雌鸟，雌鸟在前，雄鸟随后。

砰！枪响了！飞在后面的雄鸟打着转儿，像风车儿一样慢慢坠入了灌木丛里。

猎人赶快跑了过去，晚了受伤的鸟儿就会逃跑，或者钻进灌木丛，那就找不到它了。

丘鹬的羽毛是暗黄色的，看起来就像枯黄的落叶。看，它挂在灌木丛上了！

又有一只丘鹬不知从那边什么地方传来了一阵“蚩儿科、蚩儿科——嚯儿、嚯儿”的叫声。

但是距离有点儿远，猎枪打不到。猎人再次躲到小云杉后面，聚精会神地侧耳细听。森林里静悄悄的。

突然，声音再次响起，“蚩儿科、蚩儿科！嚯儿、嚯儿！”

就在那里，就在那里，但是离得很远。

引它过来吗？也许能将它引过来？

猎人摘下皮帽，向空中抛去。

雄丘鹬的眼非常尖。虽然是黄昏，森林里昏暗模糊，但是它仍

然在不停地寻找雌丘鹬。它很快就发现了那只从地面上飞起又迅速落下的黑乎乎的东西。

是雌丘鹬吗？雄丘鹬在空中划了道长长的弧线径直向猎人扑来。

砰！——雄丘鹬翻了一个跟头，从空中一头栽了下来！像木头一样撞在了地面上，当场丧命。

夜色逐渐淹没了森林。林中四处响起了“蚩儿科、蚩儿科！嚯儿、嚯儿！”的叫声，此起彼伏，断断续续，让人不知道该往哪里转身。

猎人激动得双手开始抖动起来。

砰！砰！没射中！

砰！砰！又没射中！

还是先停止射击，暂时放过一两只，稳定下情绪再说吧。

好了，现在手不抖了。

可以再开枪射击了。

森林深处黑黢黢的，忽然从中传来一阵低沉可怕的猫头鹰叫声。一只睡眼蒙眬的鸫鸟被吓得惊声尖叫起来。

周围一片漆黑，马上就看不清了，那时就不能再开枪了。

但是，“蚩儿科、蚩儿科”的声音再次响起。

另一边也传来了同样的声音：

“蚩儿科、蚩儿科！”

两只偶遇的情敌竟然在猎人的头顶大打出手。

“砰，砰！”枪声接连响了两次。两只雄丘鹬应声落地。一只蜷缩成一团，像土块一样一头栽了下来；另一只则翻着跟头，不断旋转着径直落到猎人的脚旁。

现在该走了。

趁着天色尚早，还能看清小路，尽快赶到附近鸟儿求偶的地方去。

## 松鸡的恋爱场

晚上，在森林里坐下来的猎人开始吃东西，他喝了一点儿水壶里的水。可不能生火，会惊飞鸟儿们的。

不用等太长时间，天就该亮了，松鸡在天亮之前就早早地开始求偶了。

突然，寂静的黑夜中传来了两声低沉嘶哑的猫头鹰叫声。

该死的坏家伙！你会把求偶的松鸡吓跑的！

东方略微露出一点儿亮光，可以隐约听到有一只松鸡正在某个地方欢唱着，紧接着又响起了一阵“咯咯嗒嗒”的声音。

猎人猛地跳起身，竖耳细听。

听！又一只松鸡在叫唤了，就在离猎人不太远，大约 150 步的地方。又有一只也叫了起来……

猎人偷偷地摸过去，双手紧紧攥着猎枪，手指紧扣在扳机上。他死死盯住一棵粗大黝黑的云杉。

再仔细听一下，“咯咯”声消失了，一只松鸡发出了一种带颤音的、尖细的“嗒嗒”声。

猎人向前纵身跳了两三步，然后又站住不动了。

尖叫声突然停止，周围寂静无声。

松鸡警惕起来了，它在留神倾听。这个机灵的家伙，如果听到声响，它立刻就会扑扇着翅膀飞出丛林，逃得无影无踪。

松鸡没有听到响动，它高声叫起来。“嗒嗒，嗒嗒”的清脆叫声就像两根响木在相互碰撞。

猎人仍然静静地站在那里。

森林里再次响起了松鸡的叫声。

猎人迅速向前跳去。

发出一阵“嗒嗒”声后，松鸡再次突然停止了鸣叫。

刚抬起腿的猎人不敢再迈步了。松鸡仍然保持着沉默，正在仔细探察着动静。

一段时间后，松鸡又一次“嗒嗒”地尖叫起来。

就这样反复试探了很多次。

猎人已经成功地靠近猎物了。松鸡就

站在不远处几棵云杉的树腰上，离地面并不高。

陷入爱河的松鸡正忘情地唱着，现在就算你朝它大声嚷嚷，估计它也听不到了！

但是松鸡现在到底在什么地方呢？树丛里一片漆黑，根本就看不清，很难找到它啊。

哈，原来藏在那里。喏，就在猎人身旁一根毛蓬蓬的树枝上，离这儿还不到30步。瞧，一根又长又黑的脖子，小小的脑袋上还长着山羊胡子。

松鸡停止了叫唤，现在可千万不要乱动。

“嗒，嗒！嗒，嗒！”的声音再次响起，还夹杂着其他叫声。

猎人将枪举了起来。

枪口的准星悄悄瞄向了这只小脑袋上长着山羊胡子的黑影，此刻，它正把它那像大扇子一样的尾巴展开呢。

选准要害射击才行。

霰弹如果打在松鸡那肌肉紧实的翅膀上就会滑开，不行，这样就无法打伤这么强壮的鸟儿。还是瞄准脖子打吧。

砰！

猎人的眼睛被一阵烟雾挡住了，看不清任何东西。只听得到松鸡沉重的身躯坠落时砸断根根树枝发出的咔嚓声。

“嘭”的一声，松鸡砸在雪地上。

真是一只体形肥硕的雄松鸡！它浑身乌黑，体重至少有10斤。红艳艳的眉毛，像血染的一样。

# 森林大剧场

## 黑琴鸡的求爱场

有块位于森林中间的大空地，如今成了临时大剧场。太阳还在沉睡，但是一切都看得很清楚，因为列宁格勒正处于极夜时期。

看戏的观众是身体小巧、布满麻斑的雌黑琴鸡。它们有的蹲在地上忙着用餐，有的则矜持地“坐”在树上。

个个都期盼着精彩演出赶快开始。

很快，一只雄黑琴鸡率先从林中飞出来。这只翅膀布满白纹、浑身乌黑的“先生”可是剧场里的领衔主演。

两枚纽扣似的黑眼睛在黑琴鸡先生的脸上滴溜溜地来回转动，它左看右瞧，前顾后盼。但是剧院里除了看戏的观众没有其他的“演员”。

咦！那边什么时候冒出来一丛矮树？昨天好像还没有啊？真是邪门儿：刚过一夜，怎么剧院里就长出棵一米多高的云杉？看来是自己记错了……到底是年纪大了，变成老糊涂了。

好戏开场了。

这位黑琴鸡先生再次环视观众，将脖子垂到了地面上，美丽的大尾巴也翘了起来，双翅斜斜地在地上拖着。

它嘴里开始嘀嘀咕咕，念念有词，好像是在说：

“我要卖掉皮袄，买件单褂！”

念完了，它挺挺腰板，再次环视观众，又重新嘟囔起来：

“我要卖掉皮袄，买件单褂！”

嗵！另一只雄黑琴鸡飞了上来。

嗵！嗵！一只又一只雄黑琴鸡紧接着飞了上来，它们健壮的爪子将地面踩得“嗵嗵”直响。

呵！真是反了！我们的主演快气疯了，它怒不可遏。

它竖起了浑身的羽毛，将脑袋紧紧贴在地面上，尾巴展开，就像一把大扇子，嘴里发出一阵愤怒的低鸣声：

“秋伏伏！秋伏伏！”

它正在发出挑战：不怕我拔光你身上的毛的话，就放马过来吧！

一只雄黑琴鸡在剧院的另一头回应：

“秋伏伏！来呀！不是胆小鬼的话，就过来比比看啊！”

“秋伏伏！”二三十只雄黑琴鸡聚集在剧院里，多得简直数不清了。看来每一只都准备大打出手，随便你挑，想跟谁打就跟谁打。

雌黑琴鸡们矜持地坐在树枝上，沉默着。它们不动声色，好像并不在意旁边的演出。看来美女们的心眼儿果然很多，搞不好是在耍花招呢。这出戏很明显是专门演给它们看的，而那些尾巴像扇子、眉毛红得像火一样的黑勇士来到这里，正是为了它们。

在美女面前，每位黑勇士都想表现一下自己的英勇和气力。胆怯笨拙、柔弱怯懦的胆小鬼趁早滚得远远的！只有机灵无畏、勇猛果敢的猛士才配得上美女。

好戏上演了……

厮打声、吵嚷声传遍了整个剧场。每只雄黑琴鸡都将脖子压得低低的，紧贴在地面上，不断地跳来蹦去，相互逼近……

两只雄黑琴鸡的头碰在了一起，它们用尖嘴奋力地啄向对方的脸。

愤怒的双方竞相发出“秋伏、秋伏”的低吼声。

天色渐亮，弥漫在舞台上空的透明薄幕也在逐渐消散。

突然有金属物在低矮的云杉丛间闪闪发光，求爱场上哪来的云杉啊？

雄黑琴鸡现在才没有心思去琢磨这些云杉呢！它们全都忙着和对手争斗。

离云杉丛最近的是我们的主角黑琴鸡先生。已经有两位挑战者先后败给了它，第三位正跟它打成一团呢。真不愧是主角，森林里再也没有比它更强壮的黑琴鸡了。

勇猛无畏的第三位挑战者身手矫健，它跳起身，狠狠地给了主角一击。

主演发出了“秋伏”的怒吼。

矜持地坐在树上的美女们脖子伸得老长。这才是真正精彩的表演！这个挑战者绝对不会被吓跑的，说什么也不会主动逃离的。再次向对方逼近的两只雄黑琴鸡将结实的翅膀拍得啪啪直响，它们奋力跃向半空，扑打着翅膀扭成一团。

啄啊啄，一下，又一下，也看不清到底是谁啄了谁。两只琴鸡双双落地后又各自迅速分开，跳向两边。那只年轻的琴鸡身上蓝色的羽毛非常凌乱，翅膀上的两根硬翎也被折断了；而那只年老的火红的眉毛上淌着血，还被啄瞎了一只眼睛。

美女们在树上坐卧不安起来，焦躁地换着脚爪。谁赢了？难道是年轻的赢了年老的？多英俊的帅哥，看啊，它的羽毛多紧密，还闪着蓝光，花斑布满了它的尾巴，艳丽的条纹铺满了翅膀！

瞧，双方再次跳向半空厮打在一起。年老的占了上风。

双双落回地面，再次迅速分开。

二者又一次逼近对方，这次是年轻的占了优势！

然后是最后一个回合。看！

双方再次短兵相接，然后又一次退向两边。

再次逼近，扭打在一起。

砰！枪声震雷似的传遍了整个森林，一股烟从云杉树丛中飘散开来。

厮杀停止了。雌黑琴鸡个个伸长了脖子，呆呆地坐在树枝上。雄黑琴鸡惊慌地将红眉毛扬了起来。

出什么事了？

没有发生什么事情啊，四周全都太平。

没有陌生人闯进来啊。

周围一片静寂。云杉上的烟逐渐消散了。一只回过头的雄黑琴鸡发现情敌正好站在自己的面前。于是它纵身扑向对方，朝对方的脑门一通猛啄！

精彩的表演继续着，黑琴鸡捉对厮杀在一起。

但是，树枝上的美女们却清清楚楚地看到，那对年老和年轻的斗士已经躺在地上双双毙命了。

难道都被对方啄死了？

好戏还在上演，不如继续看下去。现在哪一对表演得最精彩呢？这些黑勇士谁会成为最后的优胜者呢？

……

森林大剧院在太阳升到半空的时候已经一片静寂了，表演结束了，观众也纷纷离席飞散。猎人从云杉枝条搭成的小棚子里钻出来。他首先捡起了那对年长和年轻的黑琴鸡，霰弹密密麻麻地布满了它们的身体，鲜血从全身流出来。

猎人将两只黑琴鸡塞进怀里以后，又把另外三只被打死的雄黑琴鸡捡了回来。扛起猎枪，准备回家了。

穿过森林的时候，他走走停停，不断地四处张望，侧耳细听动静，生怕遇到其他人。有两件事情他做得非常丢脸：首先，他在法律规定的禁猎期向求爱场上的黑琴鸡开枪射击；其次，他射杀了求爱场上的主演。

明天，这个森林剧院不会再有演出了，因为缺少了主演，无人可以代替它演出。

求爱场上的生活被扰乱了。

# 祖国各地无线电大串联！

## 呼叫！呼叫！

这里是列宁格勒《森林报》编辑部。

今天是3月21日，春分，现在我们要举行一次全国各地无线电大串联。

东方！南方！西方！北方！大家请注意了！

冻土带！原始森林！草原！高山！海洋！沙漠！大家请注意了！

请汇报你们那儿现在的情形！

请回复！请回复！

## 北极回电！

在我们北极，今天是一个喜庆的节日。经过了漫长的冬天后，太阳第一次在北极升起来了！

第一天，太阳只是在海面上露了个头儿。几分钟后，它就消失了。

两天后，太阳探出了半张脸。

又过了两天，太阳才升得高高的，终于从海里钻了出来。

我们这里现在终于可以见着白天了。虽然只能拥有一个从早

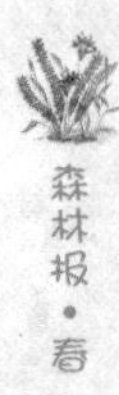


上到晚上不过一个小时的短暂白天，但是没关系，白天会一天比一天长的：明天比今天长，后天则会比明天更长。

现在，厚厚的冰雪仍然覆盖着我们这里的水域和陆地。北极熊仍然沉睡在自己的冰窟窿里。一丁点儿绿色都没有，也看不到飞鸟，只存在寒冷和暴风雪。

## 中亚细亚回电！

我们已经完成马铃薯的播种工作了，下一阶段将要开始播种棉花。此刻，阳光在我们这里显得异常毒辣，街头都被晒得尘土飞扬。花儿正盛开在桃树、梨树和苹果树上，而扁桃、干杏、白头翁和风信子的花儿则早已干枯。我们已经开始种植防护林带了。

乌鸦、白嘴鸦和云雀在我们这里度过冬天后，现在已经开始向北回迁。而到我们这里来避暑的家燕、白肚皮的雨燕也已经飞过来了。树洞里，土穴中，红色大野鸭孵出了小鸭子，它们纷纷摇摆着走出了窝巢，开始在水里嬉戏、漫游。

## 远东回电！

现在，我们这里的狗已经结束了冬眠。

不，不，你们听得一点都没错。刚才我说的就是狗，并不是熊，也不是土拨鼠，更不是獾。

你们认为所有地方的狗都不会冬眠吧？但是我们这里的狗却会冬眠，它们已经睡了整整一个冬天了。

有一种非常特别的野狗就生活在我们这里。它们有着比狐狸小的体形，四条腿短短的，有一身浓密棕黄的长毛。双耳被这些四处披散的长毛遮蔽得无影无踪。它们在冬天会像獾一样躲到洞里去沉睡。如今，已经睡醒的它们开始四处捕捉老鼠和鱼了。

这种长相像美洲浣熊一样的大狗，学名叫作貉子。

我们这里南方沿海生长着一种比目鱼，这种鱼身子扁扁的，人们正在大批量地捕捞它们；而幼虎在茂密的乌苏里边区原始森林出生了，现在已经睁开了眼睛。

我们每天都在期盼着从海洋洄游到这里的鱼类，它们回到这里是为了产卵。

## 西乌克兰回电！

我们这里正在进行小麦播种的工作。

这里已经出现了从非洲南部飞回来的白鹳。如果它们能在我们的屋顶上安家，这会让我们非常高兴。我们将沉重的旧车轮搬到屋顶，好让它们在上面搭建窝巢。

现在，白鹳们衔来了很多粗细长短不同的树枝，它们开始在车轮上铺设树枝，做窝了。

我们这里的养蜂人现在非常焦急。因为外表文雅、毛色华贵的蜂虎鸟已经飞回来了，这种金黄色的小鸟很喜欢吃蜜蜂。

请回复！请回复！

## 苔原亚马尔半岛回电！

我们这里还是真正的冬天，无法嗅到一丝春天的气息。

一群驯鹿正在仔细地用鹿蹄刨开积雪，敲碎冰块，它们来自北极，正在寻找苔藓填饱肚皮。

过不了多久，乌鸦就会飞回我们这儿来！我们会在每年的 4 月 7 日欢庆“沃恩加——亚利”节，也就是“乌鸦节”。乌鸦在哪一天飞回我们这儿，哪一天就是我们这里春天的开端。我们这里没有白嘴鸦，因此不能像你们列宁格勒一样，将白嘴鸦到来的那天当作春天的开始。

## 新西伯利亚原始森林回电！

现在，我们这里的情形跟你们列宁格勒很相似。我们所在的位置处在原始森林带上，这种针叶林和混合林组成的林带现在正覆盖着我们国家绝大多数地区。

白嘴鸦只有在夏天才会在我们这里出现，而寒鸦飞回我们这里的日子是我们这里春天的开端。寒鸦是第一批飞回我们这里的鸟儿，虽然它们并不在我们这儿过冬。

我们这儿的春天很暖和，但是很短，一晃就过去了。

## 外贝加尔草原回电！

粗脖子的羚羊黄羊开始成群地离开这里，它们即将向南方出发，迁往蒙古。

对这群羚羊来说，一开始的几个融雪天简直是它们的灾难。积雪在白天融化成了水，而这些水在夜里又被严寒重新冻成了冰。于是平坦广阔的草原就变成了一个大溜冰场。黄羊光滑的蹄子踩在镜子一样的冰面上，四蹄就会一下子分开，撑不住身体摔

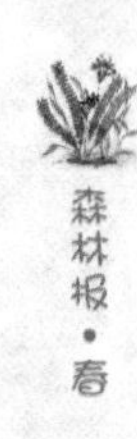


个四脚朝天。

但是，黄羊就是靠着它们那跑起来像风一样快的四条腿才无数次保住了自己的一条命。

现在，在这个寒冷的春天里，不知有多少羚羊的性命会断送在恶狼和其他猛兽的口中呢。

## 高加索山区回电！

春天在我们这里先从低地发起进攻，然后从下到上，一步步往高处挺进，逐渐赶走冬天。

大雪还在高山上飘扬纷飞，春雨却已经降临了低处的山谷。春潮奔涌，山下发起了第一次春汛。河水突然猛涨，淹没了河岸。一路上，浑浊而湍急的河水带走了一切能带走的东西，然后席卷着杂物，咆哮着奔向大海。

各种鲜花则在位于山下的谷地里怒放，它们伸展开了繁盛的枝叶。而南面山坡上的一抹新绿则在暖和明媚的阳光照耀下不断地从下向上延伸。

飞鸟、啮齿类动物和食草类动物都跟随着不断扩展势力范围的绿色向山上挺进。而野狼、狐狸和森林里的欧林猫，以及让人恐惧的雪豹也都陆续跟踪着兔子、鹿、绵羊和山羊，一起向山上跑去。

寒冬退守山顶，春天尾随而至，所有的生物也追随着春天不断向山上前进。

请回复！请回复！

# 海洋回电！北冰洋回电！

正前方洋面上向我们漂移过来的是冰块和整块冰原，一群浅灰色的海兽躺在冰面上，两肋是黑色的，这是格陵兰母海豹，这寒冷的冰面就是它们的产房，小海豹浑身毛茸茸的，洁白如雪，鼻子和眼睛是全身仅有的黑色的地方。

刚出生的小海豹要过很长时间才能下水游泳，而在这之前，它们只能躺在冰面上。

年迈的格陵兰海豹也爬上冰面，它们有着黑黑的脸孔和腰肢。它们爬上冰面是为了褪下那一身短而硬的浅黄色粗毛。为了褪净毛，它们也得躺在冰面上漂流一段时间。

此时，驾驶着飞机的侦察员在北冰洋上空飞来飞去。他们正在侦察携带着小海豹的母海豹在哪里的冰原上，还有换毛的公海豹在哪里的冰原上。

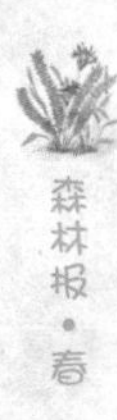


侦察完毕后，返航的侦察员要将情况报告给船长：大群的海豹分布在什么地方，那里的海豹密集得将身下的冰原都盖住了。

过不了多久，猎人就会乘坐着一种专用轮船在冰原之中左冲右突，不断向那里进发，去猎捕海豹。

## 黑海回电！

我们这里根本就没有土生土长的海豹，平常更是很少有人能够看到海豹。我们看到的海豹都是从地中海经过博斯普鲁斯海峡时偶然路过我们这里的，它们偶尔会将长达 3 米的黑色长脊背露出水面，又迅速地沉下去看不见了。

还有许多其他动物分布在这里，比如活泼可爱的海豚。巴统城地区此时正是捕猎海豚的大好时机。

坐满猎人的小汽艇驶出海港。大群海豚所在地的上空经常聚集着来自四面八方的海鸥，因为海鸥喜欢捕捉一种小鱼，后者的聚集自然会吸引大群的海鸥，而海豚也会大驾光临。

喜爱嬉戏的海豚会像在草地上翻滚的马一样在海面上来回翻腾，也会一只接一只地跃出水面，在空中翻跟头。现在可不能靠近射击，那样会吓跑它们的。要想捕猎海豚，就要到它们“聚餐”的地方。海豚只顾大口吞食小鱼，连小艇开到离自己10~15米的地方了也没有察觉到，这时候就要赶紧出手击中猎物，然后猎人要迅速将猎物拖到艇上来，否则被射杀的海豚会快速沉到海底去。

## 里海回电！

里海北部有冰层，所以这里是海豹筑巢的地方。

这里小白海豹已经长大了。先是深灰色，再是蓝灰色，它们已经成功换了毛。为了给孩子们喂奶，海豹妈妈从圆冰穴里钻出来。海豹妈妈出现的次数越来越少，这是它们最后几次给孩子喂奶吃了。

海豹妈妈也开始换毛。它们得先游到别的冰块上去，那里躺着大群的公海豹。母海豹和公海豹躺在一起换毛，它们身下的冰会不断崩裂、消融，最终它们不得不爬到岸边的沙洲和沙滩上去完成换毛。

里海鲱鱼、鲟鱼、欧鳇，以及其他各种鱼类也纷纷从四面八方的海洋里赶过来，它们聚集在一起，成群结队地朝着伏尔加河和乌拉尔河河口赶去，等待着上游解冻。

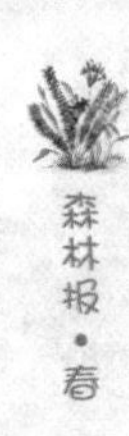



河流解冻的日子就是它们忙活的时候。洄游鱼群三五成群地拥挤着顺着河道逆流而上，它们即将到自己出生的地方去繁衍下一代。这些地方在这两条河流的上游，是它们分布在北方的大小支流。

渔民在伏尔加河、卡马河、奥卡河和乌拉尔河及其支流的上下游都布下了层层渔网，来捕捉这些归心似箭的鱼儿。

## 波罗的海回电！

波罗的海的渔民已准备妥当。黍鲱鱼、鲱鱼和鳕鱼将是他们的猎捕目标。而欧白鲑鱼、胡瓜鱼和鲑鳟鱼在芬兰湾和里加湾的冰融化后，成为渔民的捕捞目标。

轮船纷纷离开波罗的海解冻的渔港，相继开始远行。

我们这里成了世界各地船只的停靠地。冬天很快就要远去，波罗的海正迎来黄金时代。

请回复！请回复！

## 中亚细亚沙漠回电！

我们这里的春天也非常美妙。天不太热，春雨下个不停。遍地绿草，连沙地上都泛出了绿意。真不清楚这么多草是从哪里冒出来的。

灌木丛已经缀满了绿叶。经过冬眠的各种动物也陆续从地下爬出来。屎壳郎和象鼻虫也飞了出来，灌木丛上挤满了亮闪闪的吉丁虫。深深的洞穴里先后爬出了蜥蜴、蛇、乌龟、黄鼠、沙鼠和跳鼠。

从山上飞来了大群来捕食乌龟的大黑兀鹫。它们的利嘴又弯又长，可以很轻松地啄出龟壳里的肉。

春天的客人飞回来了，有灵巧优雅的沙漠莺，也有善于舞蹈的石雕，还有各种云雀，比如鞑靼大雀、云雀、黑云雀、白翅雀、凤头雀。它们的歌声在空中回荡不绝。

沙漠在明媚温暖的春天里已经不再沉寂。现在，不知有多少充满生机的生灵在沙漠里活跃着呢！

这次的全国无线电大串联就到这里，我们下次再见！

下次通报将在 6 月 22 日举行。

# 打靶场

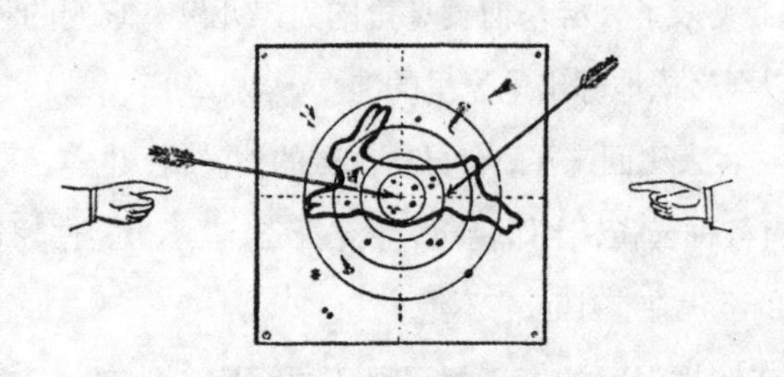

## 第一场竞赛

1. 从日历上看，春季是从哪一天开始的?

2. 干净的雪和脏雪，哪种消融得更快?

3. 春天的软毛兽为什么不能猎捕?

4. 春天，蝙蝠和飞虫，谁会首先出现?

5. 在我们这里，什么花在春天最早开放?

6. 什么鸟儿的羽毛颜色在春天里改变得最为明显?

7. 白色野兔什么时候最容易被发现?

8. 出生后，小兔的眼睛是闭着的还是睁开的?

9. 右下图是两棵松树，你能分辨出谁长在密林中，谁长在旷野中吗?

10. 在我们这里，哪种动物是最小的?

11. 在我们这里，哪种鸟类是最小的?

12. 图中是三种不同鸟类的喙，一种吃昆虫，一种吃稻谷和野果，一种吃小兽和鸟儿。你怎样才能根据鸟嘴的形状判断出它们是吃什么食物的呢？

13. 我们这里，哪种鸣禽雄性是黄色羽毛、雌性是绿色羽毛？

14. 右图这棵树，中间的树皮被兔子啃光了。兔子是怎么爬到那么高的地方去的呢？为什么它没有啃掉树根处的树皮呢？

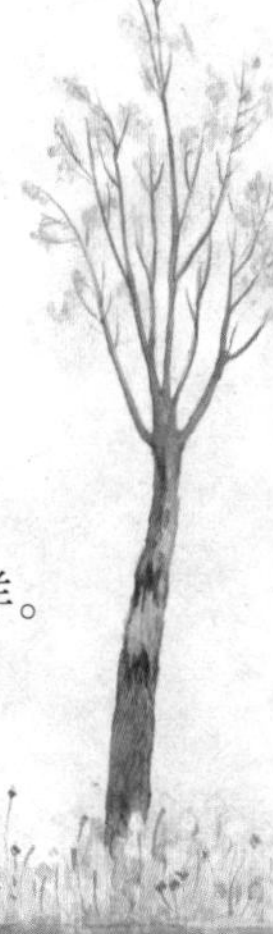

15. 太阳会在一年中的哪两天在天上整整待上 12 个小时？

16. 头朝下生长的是什么东西？

17. 炉子无烟火，柴火无火光，仍然暖洋洋。（谜语）

18. 飞无声，坐无声，死后腐化时，才敢高声鸣。（谜语）

19. 小黑马，车前跑，车辕儿，忘掉了。（谜语）

20. 老奶奶，真奇怪，冬天到，衣帽白。老奶奶，真稀奇，春天里，穿花衣。（谜语）

21. 冬天暖人心，春天化成片，夏天无踪影，秋天会重现。（谜语）

22. 昨天远远逃开，明天即将到来。（谜语）

23. 枝杈儿，黑乎乎，仔细看，不是树。（谜语）

# 通告：急征住房

我们已经飞回来了，急租房屋。要求：单间；材质是厚度超过 2 厘米的结实木板；32 厘米高；面积 15 厘米 ×15 厘米；方向朝南，房门高 5 厘米，离地 23 厘米。

发布者椋鸟

我们马上就要抵达，急租菱形小房。要求：室内面积至少 12 厘米 ×12 厘米，房门宽应该达到 4 厘米。

发布者白腹姬鹟及红尾鸲

我们将在 5 月份飞回，急租住房。要求：房屋应该有隔板，将室内分割成三个独立的房间。房屋总面积是 12 厘米 ×36 厘米，屋檐下 4 厘米处要设置房门。

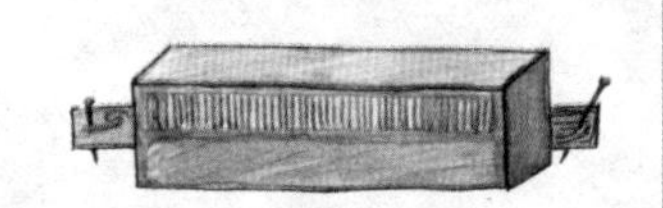

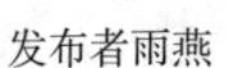

发布者雨燕

急寻房屋。要求：材质木板；房高 11 厘米；面积 11 厘米 ×11 厘米；房门高 4 厘米；离地 7 厘米。

发布者白鹡鸰

我们已经抵达

发布者斑鹟

（我们将在 5 月份飞抵）

# 森林报

## No.2

### 候鸟回乡月

### （春二月）

# 一年：太阳在12个月内谱写的乐章

4月——积雪融化。4月还没睡醒，春风就已到来了，四处预告“暖和的天气即将到来”的消息。等着瞧吧，还会有新的好事儿发生！

本月里，春水从山上流下，鱼儿跳出水面。大地被春天从积雪下解救出来，而春天正进行着第二项工作——解救冰下的水，让它冲破限制，获得自由。融化的雪水汇成了小溪，涌向大河。河水涨了起来，冲破冰的重围，奔涌到谷底，在山谷中泛滥。

土地饮足春水和暖雨，换上了绿衣，上面还点缀着许多斑斓娇艳的春花。森林依然没有绿意，安静地站在那儿等待着春天的恩赐。不过，树干里正悄悄流动着树汁，嫩芽争先恐后地出现在枝条上，低头抬眼间花朵也开满了天空和地面。

## 候鸟的返乡之旅

鸟儿像奔流不息的海浪一样从过冬的地方起飞，排着整齐的队伍飞回家乡。

和几千年、几万年、几十万年以前一样，候鸟飞回我们故乡选择的路线和队列的排列方式一直都没有变。

去年秋天，最后离开我们的鸟儿率先动身，而上一年首先离开我们的鸟儿则在最后才起飞。毛色艳丽的鸟儿总是最晚到的，它们要等到春天的新草和树叶长出来以后才会回来。因为早归的它们在光秃秃的大地和树木上特别显眼，现在在我们这里还很难找到能够遮蔽自己、躲避猛禽猛兽等天敌的东西。

“波罗的海航线”恰好从我们城市和列宁格勒州上空经过，这是一条鸟儿从海上飞过的路线。

波罗的海航线漫长无比，一端在阴沉的北冰洋，而另一端则在繁花似锦、阳光明媚的热带。成千上万的鸟儿排列着不同的队形，在空中飞行。为了抵达这里，它们飞过了一个个岛屿和海洋，先后经过了非洲海岸、地中海、比利牛斯半岛、比斯开湾，还有一个个海峡、北海和波罗的海。

返乡之旅中，鸟儿们经历了无数磨难。不仅仅有厚墙似的浓雾遮挡在前面，这些带翅膀的旅客还会遭遇昏暗的湿气。迷失方向的它们在其中左冲右突，很难避免一头撞到难以预测的尖崖峭壁上，尸骨无存。

鸟儿们的羽毛和翅膀会被海上的风暴折断，狂风将它们吹得离海岸远远的。海水在寒流的作用下结了冰，许多饥寒交迫的鸟儿在中途丧生了。

成千上万的鸟儿成了隼、鹰、鹞等猛禽的腹中餐。每年这时候，这些贪婪的猛禽就会聚集在候鸟返乡的航线上，守株待兔似的等着享受美餐。更多的候鸟死在了猎人的枪口下。

但是，没有什么能够阻止这群数量众多的流浪者的脚步。它们穿过层层迷雾，克服了艰难险阻，终于回到了家乡。

我们这里的候鸟也不是全在非洲越冬，更不是全沿着波罗的海航线飞行。到印度过冬的候鸟也会飞到我们这里，甚至还有在美洲过冬的瓣蹼鹬。它们要穿过整个亚洲，才能到达我们这儿。从过冬地到阿尔汉格尔斯克郊外的巢穴，这些鸟儿差不多得花两个多月的时间，飞行 1500 千米，才能结束旅程。

## 佩戴脚环的鸟儿

若你猎杀了一只戴脚环的鸟儿，请取下脚环，并给我们写一封信，详细地写上你猎杀这只鸟的地点和时间，然后将信和脚环寄到莫斯科 K-9，赫尔岑大街 6 号——鸟类脚环中心管理处。

若你活捉了一只戴脚环的鸟，请记下脚环上刻着的字母和编号。把鸟放生，然后再写一封信寄给上述地址的机构，报告你的发现。

如果你没有打死或者猎获这种鸟，而是你的熟人，或其他捕鸟人，那么请告诉他该怎样做。

鸟脚上的这种分量很轻的铝环，是科学家专门给它们戴上的。

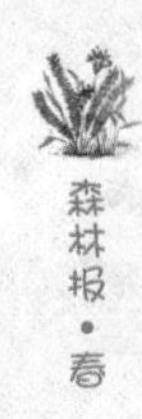



环上所刻的字母代表给鸟戴环的国家、机构。而数字则显示了戴环的时间和地点，科学家的记事本里也记录着这些编号。

科学家正是通过这种方法来了解鸟类生活的巨大秘密的。

比如在我们苏联遥远的北方某地，科学家也为鸟类戴脚环。然后这些鸟可能恰好会被非洲南部居民或印度人捕获，他们会将脚环从当地寄过来。

而且，我们这里的候鸟并不全是去南方过冬的，它们也会飞向西方、东方和北方。我们正是通过这种戴脚环的方式来了解鸟儿生活的秘密的。

# 林中轶闻

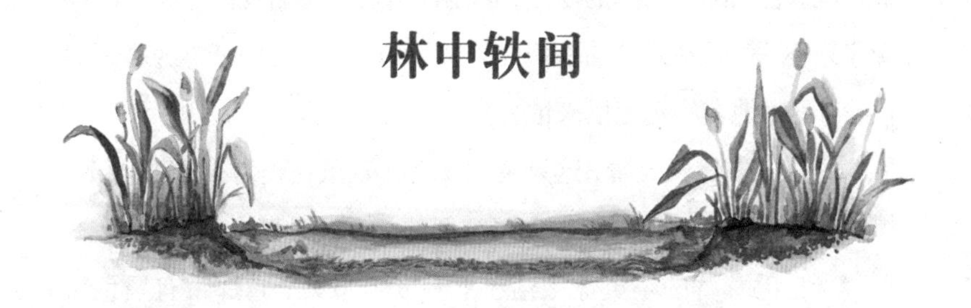

## 泥泞时节

如今，城郊遍地泥泞。雪橇和马车已无法在林中和乡道上行走了。要克服许多困难，我们才能得到林中的消息。

## 积雪下的浆果

林中沼泽里的积雪融化了，酸果蔓显露了出来。乡下的小孩儿经常去采摘，都说越冬的浆果比新长出来的甜得多。

## 欢度佳节的昆虫

繁盛的花儿开满了整棵柳树，一个个闪亮小巧的黄色小球缀满了柳树的枝条，小球将柳树疙疙瘩瘩的灰绿色多节疤枝条掩盖得无影无踪。整棵柳树都变得毛茸茸、轻飘飘的，充满着喜气。

漂亮的柳树丛穿着节日盛装，上面缀满了花儿，这可是昆虫的节日哩，它们围在树丛的周围，热闹而喜庆。不断发出嗡嗡声的熊蜂飞来飞去，呆头呆脑的苍蝇四处闯来撞去，勤劳的蜜蜂为了采集花粉，不停地在雄蕊上忙来忙去。

蝴蝶左右飞舞。看，这只黄蝴蝶有一双雕花翅膀；那只荨麻蛱蝶翅膀上像有一对棕红色的大眼睛似的。

呀！毛茸茸的小黄球上落了一只长吻蛱蝶，它那带有黑色斑点的翅膀把小黄球遮挡得严严实实。长长的吻管深深地插进雄蕊间，开始吮吸花蜜。

紧挨着这棵弥漫着佳节喜气的柳树丛的，是另一丛开着花的柳树。但是它的花儿完全是另一种模样，都是些乱蓬蓬的灰绿色小绒球，异常难看。昆虫也聚集在这些小毛球上，但是这丛树全然没有旁边那丛柳树生机盎然的景象。其实，也只有这棵柳树才会结出种子。

原来，那些黏糊糊的花粉已经被昆虫从黄色小球上传到了灰绿小球上，过不了多久，绿色小球内部的瓶状雌蕊里都会长出种子。

尼·帕夫洛娃

## 柔荑花序

柔荑花序已经在大河小溪的岸边和森林的边缘盛开了。当然，刚解冻的土地可不是它们盛开的场所，它们只在被春天阳光晒得暖暖的树枝上开放。

现在赤杨和榛树上，点缀着柔荑花序，就是那些浅棕色的长穗子。

早在上一年，它们就长出来了。冬天，它们结实饱满，静止不动；春天，它们才舒展开来，变得蓬松而极富弹性。

在树枝摇动时，黄色的花粉就像轻烟一样飘飘洒洒、四处飞扬。

除了柔荑花序，赤杨和榛树上还有别种的花儿，那就是雌花。白杨树的雌花长得像褐色的小球。而榛树的雌花是长得很壮实的花蕾，细细的红须从花苞中探出，这是雌花的柱头，看起来很像藏在花苞里的昆虫的触须。雌花至少有两三个花柱，多的能达到五个。

现在，赤杨和榛树上叶子还没有长出来。光秃秃的树枝间，风畅行无阻。柔荑花序被吹得东摇西晃，花粉也从一棵树送到了另一棵树，最终落在了那些细须般的粉红色柱头上。从此，这些模样奇怪的雌花就受精了，到了秋天，就会变成榛子。白杨树的雌花也在风的帮助下受精了，之后它会结出小黑球一样的果实。

尼·帕夫洛娃

## 蝰蛇的日光浴

剧毒的蝰蛇每天清晨都会爬到干枯的树桩上晒太阳。天太冷，它体内的血液很凉，所以它爬行起来非常吃力。

蝰蛇享受过日光浴之后，身子被晒暖了，身体恢复灵活的它立刻去捕猎老鼠和青蛙了。

## 蚁窝微动

在一棵云杉下，我们发现了一个巨大的蚁窝。刚开始，因为周围没有看到一只蚂蚁，我们还以为是垃圾或枯叶呢，哪想到这是一座蚂蚁城呢。

如今，蚂蚁正从积雪消融的窝里爬出来晒太阳。漫长的冬眠之后，虚弱不堪的蚂蚁们躺在窝上，个个都缩成了黑团，彼此粘在了一起。

我们用小棍儿轻轻地拨弄了几下，蚂蚁们才稍微动弹了几下，它们连释放攻击我们的刺激性蚁酸的力气都没有了。

它们必须再休养几天，才能开始劳作。

睡醒的还有谁？

蝙蝠睡醒了，扁平的步行虫、圆滚滚的黑色屎壳郎和叩头虫等各种甲虫也都从冬眠中醒过来了。叩头虫正在表演令人眼花缭乱的杂耍：只要把它仰面平放在地上，它的头就会向下一磕，“啪”一声弹起来，在空中翻个筋斗，稳稳当当地六脚着地。

蒲公英正在盛开，马上就要吐出新芽的白桦树也裹上了绿纱。

刚下过第一场春雨，粉红色的蚯蚓和羊肚菌、鹿花菌等蘑菇都从泥土里探出了头。

## 水塘中

水塘也睡醒了。结束冬眠的青蛙离开了淤泥中的水藻床榻，开始产卵，然后奋力跳到岸上去。

蝾螈则正好相反。此时，它刚从岸上爬回到水中。列宁格勒地区的人们将蝾螈称为“哈里同”。橙黑色的身体长着一条大尾巴，和青蛙比起来更像蜥蜴。蝾螈在冬天爬出水塘，然后藏到森林中潮湿的苔藓下开始冬眠。

苏醒过来的癞蛤蟆也开始产卵。青蛙卵像小泡泡似的，凝成粘胶状的团团，在水中漂浮着，每个小泡泡里都有个黑圆点儿；而癞蛤蟆的卵连成串儿黏附在水草上，像条细带子。

## 森林里的环卫工

冬天突如其来的严寒，常常让来不及躲藏的小兽丧命。它们的尸体被掩盖在积雪下，春天到了就暴露出来了。但是熊、狼、乌鸦、喜鹊、葬甲虫、蚂蚁，还有森林中的其他环卫工，会迅速将遗体打扫干净，因此它们并不会长久地暴尸在原地。

它们是不是春花？

现在，很多植物都开花了，诸如三色堇、芥菜、遏蓝菜、繁缕和洋甘菊等。

你可不要以为这些草跟在春天开放的花儿一样，都是从土里钻出来的。春花会先从泥土里探出一条短短的绿色小腿儿，然后再使尽全身力气将小身子探出来。这时，它的花儿才会露面。

而三色堇、芥菜、遏蓝菜、繁缕和洋甘菊等植物却不会躲到某个地方去过冬，它们会在寒冬就长出数不清的蓓蕾。一旦头上的雪帽消融，再次见到蓝天，苏醒过来的花朵和蓓蕾就会爆发出勃勃的生机。

上一年秋末，我们就看到了这些挂在草茎上的蓓蕾，此刻，它们已经绚烂地开放了，正站在草丛中望着我们呢。

你觉得，它们能不能被当作春天开花的植物呢？

尼·帕夫洛娃

## 白色寒鸦

一只白色的寒鸦栖息在小雅里奇基村的学校附近，常常和普通寒鸦结伴飞行，一起生活。就连村里那些上了年纪的老人都没

见过这样的白色的寒鸦。我们小学生更是搞不清怎么会有白色的寒鸦呢。

驻森林记者　小学生　波里娅·西妮曾娜

盖拉·马斯洛夫

## 编辑部的回答

普通鸟兽偶尔会生下浑身白色的雏鸟和兽崽。科学家将这些全白的幼体称为患白化病的患者。

浑身白化和局部区域白化是白化病的两种表现方式。患白化病的鸟兽体内缺少染色物质，也就是缺乏使羽毛和皮毛带颜色的色素。

很多家禽和家畜都会患上白化病，比如白兔子、白鸡、白鼠等都是缺少色素的白化病患者。

但是野生动物中患白化病的则很少见到。

患白化病的野生动物存活下来要比普通动物困难得多。它们的父母通常会在它们很小的时候就把它们咬死，或者它们一生都会受到同类的追捕和攻击。即使能像小雅里奇基村的白乌鸦那样，最终被亲属接纳，也很难长久存活。因为这些患有白化病的鸟兽在族群中过于显眼，很容易吸引猛禽猛兽的注意力。

# 罕见的小兽

啄木鸟在森林里惊叫起来，叫声响亮而急促，远远地传过来。

听到这种声音，我就知道它一定是遇到危险了。

我迅速穿过密林，发现空地上有一棵枯树，树上整齐的树洞就是啄木鸟的窝。一只模样怪怪的动物正在沿着树干偷偷地向鸟窝爬去。我不清楚这是一种什么动物！它浑身都长着灰色的毛皮，尾巴短小；耳朵像小熊的耳朵一样又小又圆，大大的眼睛往外突着，很像猛禽的眼睛。

它爬到鸟窝门口，探头探脑地向里瞧，明显是想掏鸟蛋吃。看见这种情况，愤怒的啄木鸟猛扑过去拼命啄它！这东西灵活地向树后闪去，啄木鸟紧追不舍。小兽开始围着树干打转儿，啄木鸟也跟着转起了圈儿。

转着转着，小兽爬得越来越高，已经到树梢了，再也没地儿可去了。无路可逃的它终于被啄木鸟狠狠啄了一口！小东西纵身一跳，在半空中飞了起来……

小兽的四只小爪直直地向四方伸展开去，身子竟然像秋天的枫叶一样飘在空中。它的身子微微左右摇晃，不断摆动着自己的短尾巴，将它当作控制方向的舵，飞过草地后，它在一根树枝上降落了。

看到这种情形，我恍然大悟，原来它是一只鼯鼠。这种会飞的灰色鼯鼠两肋长有皮膜，只要张开四腿，将皮膜撑开来，就可以在空中滑翔。真是森林中的一流跳伞员，可惜这种小动物太少见了。

驻森林记者　斯拉德科夫

# 飞禽传信

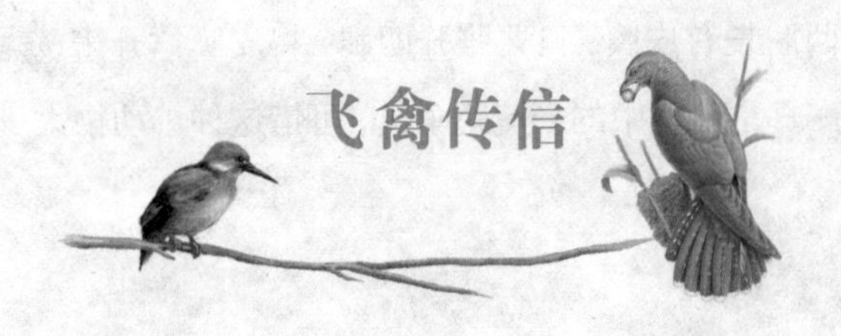

## 春潮泛滥

春天，很多森林居民都遭了灾。迅速融化的积雪使暴涨的河水漫过了堤岸，某些地方甚至泛滥成灾。

我们接到各地很多关于动物受灾的消息。兔子、鼹鼠、野鼠、田鼠及其他居住在田中和地下的小动物遭了殃，它们的家园被灌入冰水，只好逃离窝巢。

每种动物都使出浑身解数来拯救自己。

个头儿矮小的鼩鼱匆忙从洞穴中逃离，爬上了灌木丛，静等洪水消退，饿得前胸贴肚皮的它真是可怜。

地下的鼹鼠在洪水漫上河岸时差点儿被淹死，幸好它及时从地下洞穴里爬了出来。为了寻找干燥的地方，钻出水面的它开始四处游动。

鼹鼠是个游泳的行家，它能在水里游上好几十米呢。在水里游动时，它那乌黑发亮的皮毛居然没被猛禽发现，这使它非常得意。

上岸后，鼹鼠再次顺利地钻进了地下。

# 遭殃的兔子

兔子遇到大麻烦了。

兔子本来住在一条大河中的小岛上。晚上它出来啃食小白杨树的树皮，白天为了避免被狐狸和人类看见，它就躲在灌木丛中。

这只兔子显然过于年轻而且不够机灵。它根本就没有注意到周围的河水正在哗啦啦地把冰块冲到岛上。

这天，兔子正安安稳稳地藏在灌木丛中睡懒觉呢。阳光明媚，晒得它暖乎乎的，完全没注意到迅速上涨的河水。直到河水浸湿了它的毛皮，它才睁开眼睛醒过来。它猛地跳了起来，但四周已经是一片汪洋了。

发大水了！幸好现在水只漫到了爪子，兔子匆忙蹿到还是干地的岛心。

但是河水涨得很快，小岛也越来越小。兔子左躲右窜，小岛马上就要被水淹没了。可是它又不敢往冰冷湍急的河里跳，这样波涛汹涌的河流，怎么可能游过去呢？

一天一夜就在兔子的干等苦熬中过去了。

第二天一早，岛上只有一小块干地了，那里有一棵树干粗壮弯曲的树。吓得丢了魂的兔子绕着树干直转圈。

第三天，洪水涨到了树下，兔子只好往树上跳。但是每次都掉了下来，跌进了水里。终于，兔子总算跳上了树干最低处的一根树枝。趴在树枝上的兔子静等着洪水的消退，这时，洪水也停止了上涨。

兔子并不担心自己会饿肚皮，老树皮仍然可以填饱肚子，虽然它又硬又苦。但是它最害怕的是阵阵刮来的大风。风左右摇晃着树枝，兔子有很多次都差点掉下来。此时，它就像是趴在桅杆上的水手，而船上的横桁就是身下不断摇晃的树枝，又冷又深的洪水在下面奔流着。

整棵的大树、长长的枝条、草秸和动物的尸体，不断地从宽广的水面上漂过。

一只淹死的兔子出现在水面上，进入了这只可怜兔子的视野。看到同类在奔涌的波涛中从自己的身边流过，兔子打起了哆嗦。

树枝缠住了那只死兔的脚爪，如今它只能肚皮朝天，伸着四腿顺着河流向前漂。

在树上苦等了三天后，水终于退了下去，兔子再次回到了陆地上。

不过现在它仍然得待在河中的小岛上，等到河水在炎热的夏天变浅的时候，它就能到岸上去了。

## 坐船的松鼠

一个渔民在被春水淹没的草地上张起了网，他打算捕捉鳊鱼。在露出水面的灌木丛间，渔民划着小舟缓缓行进。

这时，一只挂在一丛灌木上模样古怪的淡棕色蘑菇出现在他的视野中。突然，这只蘑菇径直向渔民跳了过去，落进了小船。

一落到船里，蘑菇就迅速变成了一只松鼠，它浑身湿漉漉的，毛乱糟糟的。

渔民把船划到了岸边，松鼠立刻跳出了船，蹦进了林子。它为什么会在水中的灌木上，在上面待了多久，没人知道。

## 鸟儿也受灾了

一般情况下，鸟儿是不害怕发洪水的，但是它们仍然因为春汛而受了灾。

淡黄色的黄鹀将窝建在了水沟的旁边，而且已生下了蛋。突然到来的大水带走了窝和蛋，它只能另外选个地方重新建窝了。

待在树上的田鹬也在焦急地等待洪水退去。田鹬是在森林湿地中生活的鹬类，靠着尖长的喙，它能在松软的泥土里寻找食物。它有一双很适合在泥地上行走的腿，让它站在树干上，就像狗在木

桩围墙上行走一样费劲。

但是它还必须得待在树上，盼着在软软的湿地上行走的日子早些到来，盼着用长嘴在地上挖洞的日子早些到来。可不能离开自己的家！所有的湿地都被其他田鹬给占住了，它们是不会让自己栖息的。

## 意外的猎物

有位猎人也是我们的驻森林记者的一员。有一天，他穿着高筒靴，悄悄地向栖息在湖中灌木丛后面的野鸭群摸去。湖水已漫到了岸上，没过了他的膝盖。

突然，前方灌木丛后面的声响传到了他的耳朵里。然后，一个有着灰色光溜溜长脊背的怪物在水里晃动着。来不及多想，他用打野鸭的霰弹对着这个怪物开了两枪。

灌木丛后面响起一阵哗哗的翻腾声，水里泛起了大量的泡沫，然后就再也没有声音了。猎人走上前去仔细一看，原来被他打死的是一条足有一米半长的梭鱼。

梭鱼每年这个季节都要从河流和湖泊游到被水淹没的岸上来，它要在岸上的草丛里产卵。这片地区的浅水很温暖，刚出生的小梭鱼也能跟着消退的洪水返回湖泊和河流中。

法律规定不许在春天捕猎，包括梭鱼和其他凶猛鱼类在内的到岸上产卵的鱼，很明显，猎人并不知道这是一条梭鱼，不然他绝不会违法捕杀梭鱼。

# 残留的冰块

小河上曾经有条冰道横贯河面，这是农场人家乘雪橇过河的路。春天到了，河里的冰向上鼓突着，不断开裂。冰道就随之碎成一块块冰块，顺着河水向下游漂流。

这块冰很脏，马粪、雪橇印迹和马蹄印布满了冰面，还有一只马掌上的钉子也被遗弃在冰块中央。

初时，冰块顺河向前漂。为了捕捉苍蝇，白色的鹡鸰不断从两岸飞来，落在冰块上。

稍后，淹没河岸的河水将冰块冲到了草地上。被水淹没的草地上四处游荡着鱼儿，时不时地还会从冰块下游过。

一天，一只没有眼睛的黑色小兽从冰块旁边钻了出来，爬到了冰面上，这是只鼹鼠。它待在被河水淹了的草地下面闷得厉害，便游到水面上换口气。一块干燥的小土丘挡住了冰块的一角，鼹鼠趁机跳上小丘，麻利地向地下钻去。

越漂越远的冰块最终漂进了森林，一个树桩迎面撞来，卡住了它。一群饱受洪灾欺凌的陆生小动物立即聚集在冰块上。它们是

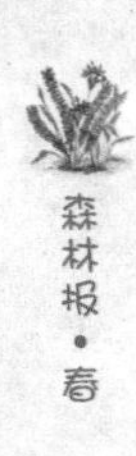



林中的老鼠和兔子。大家都遭了灾，死亡随时会降临，寒冷恐惧的小动物们打着哆嗦紧紧挤在一起。

洪水很快就消退了，冰块也迅速消融在阳光下，只有那只马掌钉还留在地上，小动物都跳上陆地，四散跑开了。

## 大江、小河和湖泊

原木段密集地漂在小河上，人们开始利用河流来运送这些冬天砍伐下来的木材了。在小河汇入大江和湖泊的地方，木材输送工会在那里建造一排木栅栏，栅栏在河口上将木材拦下，然后工人们再编成筏，继续向前运送。

几百条小河从我们列宁格勒州的森林里流出，姆斯塔河是它们的目的地，而姆斯塔河又会流入伊尔门湖，之后流入广阔的沃尔霍夫河，再流到拉多加湖，最终汇入涅瓦河。

在列宁格勒州，某些偏僻的森林在冬季砍伐木料，然后在春季将它们运到小河里。这样，那些不会活动的木材就能顺着水上小道、水上小路和宽广的大路开始自己的旅行了。偶尔，这些木料上会居住着一只木蠹蛾，就这样它们随着原木一起到达了列宁格勒。

运送原木的工人看到过许多有趣的事。

一位工人就给我们讲了这样一件趣事：

有一只松鼠蹲在林间小河岸边的木墩上，两只前爪捧着一颗大大的松果，不住地啃着。

一只狗突然从林子里蹿出来，汪汪叫着，径直向松鼠扑过去。周围没有树可以让松鼠爬上去，它立即扔掉松果，将毛茸茸的尾巴翘到背上，蹦跳着向小河边逃去，狗紧紧地跟在后面。

此时，原木漂满了河面。松鼠迅速地跳到离自己最近的原木上，接着又跳到了第二根上，然后是第三根。

愤怒的狗也追随着它跳上了木头，但是长着四条长而直的腿，狗怎么能在原木上跳跃呢？原木在水中不断翻滚。后腿的滑跌使前腿也开始不稳，狗一头就跌进了河里。一只由木料组成的木筏这时候正好顺着河水漂过来，一转眼儿，狗就不知到哪里去了。

机灵活泼的松鼠从一根原木跳到另一根圆木，又跳到了对岸，逃到树林里去了。

还有一位工人则看到了一只棕色的野兽，这只有两只猫大小的野兽嘴里叼着一条大欧鳊，趴在一根单独漂浮的粗原木上。在原木上坐稳后，它尽情地享用了美餐，挠了挠痒痒，又打了个哈欠，然后就溜到河水里去了。

那原来是只水獭。

## 冬天的鱼儿忙些啥

很多鱼儿会在寒冷的冬天睡大觉。

秋天，早早就钻到河底淤泥中的是鲫鱼和冬穴鱼；而躲到水沟底的泥沙里过冬的是鮈鱼和似鮈。河湾和湖湾里长满了芦苇，水下布满了深坑，鲤鱼和鳊鱼就在深坑里过冬；鲟鱼早在秋天就在河底的河沟里挤成了一堆，它们用这种方法来抵御冬季的严寒。河水越深，河底的水就会越暖和。

不用冬眠的鱼儿在冬天又忙些什么呢？你可以在本期《森林报》上了解到。

上文所说的几种冬眠鱼类现在已经苏醒了，现在正忙着产卵呢！

# 垂钓好运！

以前有种十分可笑的风俗，狩猎的人经常会收到人们这样的“祝福”：“祝你一根毛都捞不着！”而钓鱼的人会收到这样的祝福：“祝你垂钓好运！”

许多读者都热爱钓鱼，我们不但要祝他垂钓好运，还要告诉他哪些鱼在什么时候在哪些地方容易咬钩。

钓鲇鱼要在河刚开冻时，蚯蚓钓饵要放到河底；而要钓红鳍鱼，则要在池塘和湖泊的冰消融的时候，它们喜欢藏在河岸上去年留下的草丛或灌木丛中，要用水蛾做钓饵。再过一段时间，就可以捕捉小鲤鱼了。

而其他大鱼和小鱼则要等到河水变清后，用渔网和鱼钩捕捉。

费奥佩尼特·帕拉马诺维奇·库尼洛夫，苏联著名的捕鱼专家曾说过，垂钓者应该研究鱼类在一年四季不同时间和气候的生活习性，这样才能选择出合适的捕鱼地点。

被水淹没的堤岸在春水消退后逐渐显露出来了，河水也变清了。此时，适合钓梭鱼、鲤鱼和鳜鱼。最佳的垂钓地点有：河口和河岔；水浅的地方和石堆的旁边，以及陡峭的河岸和河湾；岸边有被水淹没的灌木的地方；安静狭窄的水面，这里可以将鱼钩抛进河中央；桥墩下、小船和木筏上；水力磨坊堤坝两岸，以上这些地方不管是深水区还是浅水区，都能钓到鱼。

库尼洛夫还说，从初春到晚秋，不论在什么地方钓何种鱼，都适合用带浮标的鱼竿。

5 月中旬，可以用红线虫来钓湖泊和池塘里的冬穴鱼。过一段时间，还可以钓到斜齿鳊、鳜鱼和鲫鱼。理想的垂钓场所包括岸边的草丛、灌木丛附近，河湾里的水深能达到 1.5 ~ 3 米也是垂钓佳地。但是不要长时间待在同一个地方钓鱼，如果很少有鱼上钩，就换个地方。最好能坐在灌木、芦苇和牛蒡丛的中间，如果能坐在小船上垂钓，就更方便了。

流势平缓的小河，等到河水变清后，就可以在岸上垂钓了。此时，陡峭的河岸、河心里有残留树丛的小坑以及边缘长满杂草、芦苇的小河湾都十分适合垂钓。偶尔，水会流遍河岸，造成一片泥泞，很难越过这些小河湾和树丛，那就需要踩到草墩上或者穿上高筒靴了。在牛蒡或芦苇丛下钩以后，鳜鱼和斜齿鱼就会奔着饵料聚集过来。

在河岸钓鱼时，要仔细选好一个没人钓过的地方。分开树丛，将鱼竿从树丛中伸出，然后将鱼钩甩进水中。

垂钓者的理想垂钓地点包括木桥墩、小河口、磨坊和堤坝。在这里，他们一直都能找到和钓到鱼。

用豌豆、蚯蚓和蚂蚱等做鱼饵可以钓到大鲤鱼，在岸上垂钓时鱼竿上要带浮标。当然，偶尔用不带浮标的鱼竿也可以钓到它们。

从5月中旬一直到9月中旬，人们都可以用不带浮标的鱼竿钓鱼。

大水坑，河流弯曲、水势较急之处，森林里水面平和宽阔、有被风刮倒的树木的地方，水深深的、岸边长有灌木丛的水潭和堤坝以及石滩下，都适合用这种方法来钓淡水鳜鱼。有几种鳜鱼则要到石滩和有暗礁的地方才能钓到。

在水势较急的浅水河河底，或者是在砾石和岩石底的河岔里则可以钓到小鲤鱼和一些个头不大的小鱼。

# 林间大战

我们派出了几位记者，去采访森林里经常争斗的几个不同树种，希望能够记录战场实况。

长着白胡子的百年云杉王国是我们记者想到的第一个采访地。在这里，每个云杉战士都有两根甚至三根电线杆接到一起那么高。

云杉王国阴森森的，苍老的云杉战士个个站得笔直，绷着脸，保持着沉默。它们身体从树根到树冠都是光溜溜的，偶尔才会发现一些枯死弯曲的枝条。

云杉毛蓬蓬的针叶在高空中像紧拉着的手一样缠绕在一起，黑压压地连接成一片，像个绿色的帐篷一样将整个王国遮得密不透风，连阳光也无法穿透。帐篷下面憋闷黑暗，到处弥漫着阴湿腐败的味道。有时会有一些小小的绿色植物在这里安家落户，但是它们很快就无法生存下去了。对这种阴湿腐败的生存环境表示满意的只有那些灰色的苔藓和地衣，它们贪婪地盘踞在这些在战争中丧生的巨卒的尸体上，吮吸着它们的血液——树液。

在这里，记者没有看到任何野兽，也没有听到鸟类的鸣叫声。只看到了一只孤单的、进来躲避阳光的猫头鹰。这只被记者惊醒了的猫头鹰竖起了全身的羽毛，抖动着胡子，角质嘴里发出了一串低沉恐怖的咕咕声。

无风的时候，云杉王国一片死寂，而起风时，风从云杉王国的上空快速经过，直直挺立着身躯的巨人晃动着毛蓬蓬的树枝，凶狠地发出呼呼怒吼。

云杉族群拥有整个森林中最高的士兵，最强大的实力和最多的兵力。

离开了云杉王国后，记者又拜访了白桦和白杨王国。

白桦有着白树皮和绿头发，而白杨也有着银白色的皮肤。看到记者，它们发出哗哗的声音欢迎来客。长满绿叶的树枝间有许多鸟儿在歌唱，树梢的绿叶中星星点点地洒下了阳光，将空气照射得五彩斑斓，处处都闪烁着斑驳的阳光，像金蛇一样。阳光有时像星光点点，有时又像月牙弯弯，在笔直光滑的树干上摇来晃去。低矮的草族成员挤满了地面，很明显，这些待在主人绿色帐篷下的草儿十分满意，就像在自己家里一样自在。记者的脚下不断穿梭着老鼠、刺猬和野兔。一阵风吹过，树梢发出了一阵快乐的哗哗声。没有风的时候，这里也十分热闹。白杨无论白天还是黑夜，都在摇动着叶子，不断发出沙沙声，各种动物都在高声欢笑。

王国的边上是条河，在河的另一边，原本也是森林。冬季采伐将它们砍伐殆尽，变成了一片采伐迹地。而荒野的另一边又是一片繁盛密集、身材高大的云杉，它们就像是一堵高墙挡在了前方。

编辑部清楚地知道，森林中的积雪融化后，这片采伐迹地很快就会彻底变成战场。空间有限，各种树木肯定会争着占领这块新腾出的空地。

过河后，记者就在采伐迹地上搭起了帐篷，想亲自观看一下这次战争到底是怎样爆发的。

在一个阳光明媚的早晨，噼里啪啦的声响从远处传来，就像两军对垒时的机枪对射一样，我们的记者赶紧跑过去瞧个明白。

原来是云杉发动了攻击，派出了本国的空军去抢占那片新形成的采伐迹地。

硕大的云杉球果被阳光烤得焦热，啪啪啪啪的响声不断响起，球果陆续裂开了。伴随着每次开裂，不断爆发着子弹发射似的声音。球果外紧包着的鳞甲也裂开了，躲在秘密军事掩体里的微型滑翔机——种子飞了出来。风在半空中托举着的种子不断旋转着，不时下落和升高。

一棵云杉树上有好几百只球果，每只球果里都隐藏着 100 多架微型滑翔机——种子，在空中飞行的大部分种子最终会落到采伐迹地上。

不过，只有一只翅膀的云杉种子显然并不轻，因而小风是无法将它们送得太远的。还没飞多远，它们就坠落到地面上了，还没有占领采伐迹地的一半。但是，强风几天后就过来了，云杉种子趁势占据了整片采伐迹地。

但是，这还不是胜利，接连几个清冷的早晨，娇嫩幼小的种子差点儿被冻死了。幸好一场温暖的春雨使土地变得松软了，这批小移民才最终被这片土地接纳。

对岸的白杨在云杉王国占据空地的时候也开了花，种子被包在柔荑花序中，毛茸茸的，刚成熟。

夏天在一个月后到来了。

准备过节的云杉王国，一反平常阴沉沉的气氛，显得格外喜庆。它们在自己树枝上挂满了充当红蜡烛的新生球果，盛装出场了：黄色的柔荑花序点缀在墨绿色针叶间，开花的云杉正在悄悄地准备着下一年的种子。

它们在采伐迹地播下的那些种子受到了温暖春水的滋润后，开始膨胀，马上就要拱破地面，见到太阳了。

此时，白桦树还没有开花呢。

记者们认为，其他树种已经失去了机遇，现在新大陆已经被云杉占领了。

他们十分肯定地认为，战争已经结束了。

编辑部希望记者们在下一期《森林报》发来更详细的报道。

# 农场纪事

积雪刚融化，农场的人们就驾驶着拖拉机进了田。耕地和耙地都要用拖拉机。将钢爪子装到拖拉机上，它还能清理树墩，开辟新耕地。

一群黑中透蓝的白嘴鸦飞过来，大模大样地跟在拖拉机后面。白嘴鸦双脚前后交替，踱着方步，灰色的乌鸦和白色腰身的喜鹊则远远地跟在它们身后，不断地跳来蹦去，在翻起的泥土中翻找着美味点心：蚯蚓、甲虫和甲虫幼虫。

耕过的田地被耙平后，带着播种机的拖拉机在地里不停穿梭，播种机均匀地将选好的种子撒进了泥土里。

亚麻，是我们这里最先种下的作物，娇弱的小麦、燕麦和大麦等春播作物则被排到最后。

现在，黑麦和冬小麦等秋播作物已经长好几十厘米高了。这些正在呼呼长个儿的作物是在去年秋天播下种的，它们在秋天发芽，在积雪下度过寒冬。

清早和傍晚，阵阵“切尔——维科！切尔——维科！”的叫声从充满生机的灌木丛中传来，像是一辆看不见的大车经过时发出

的吱呀声，又像是大蟋蟀在唧唧地叫。

但这不是大车，更不是蟋蟀，而是一种美丽的野鸡，它就是灰山鹑。

长着灰色羽毛的灰山鹑身上布满了白色花纹，长着橙黄色的颈部和双颊，它眉毛鲜红，脚爪则是黄色的。

此刻，山鹑太太正在灌木丛中忙着建造窝巢。

柔嫩的新草拱出来了，牧场添了一层新绿。天蒙蒙亮，牛、羊、马响亮的叫声已经惊醒了农场小木屋里的农家孩子，成群的牛和羊陆续被牧童们赶往牧场。

人们偶尔可以看到，寒鸦和白嘴鸦蹲坐在马背和牛背上，这些个头小巧的双翅骑士还会时不时地用嘴啄着牛们的脊背，发出笃笃声。牛原本可以像赶苍蝇一样用尾巴将它们赶走，可是它们却忍着没有这样做，原因是什么呢？

理由很简单，这些鸟儿对牛和马十分有利。牛虻和苍蝇经常会在牛马擦破和受伤的皮毛附近产卵，而白嘴鸦和寒鸦正在啄食这些害人的幼虫。况且它们的身体那么轻，驮着它们丝毫不觉得辛苦。

丸毛蜂从冬眠中苏醒过来，胖乎乎、毛茸茸的它发出了嗡嗡的声音；亮晶晶的黄蜂挺着细细的腰肢，忙碌地飞来飞去。

蜜蜂们也该上场了。冬季放在蜂房和地窖里过冬的蜂箱被农场里的人们搬了出来，抬到了养蜂场中。蜂房里爬出了许多金色翅膀的小蜜蜂，它们在太阳下歇了一会儿，将身子晒暖以后，就伸了个懒腰，忙着飞去采集花蜜，开始酿造今年第一批蜂蜜。

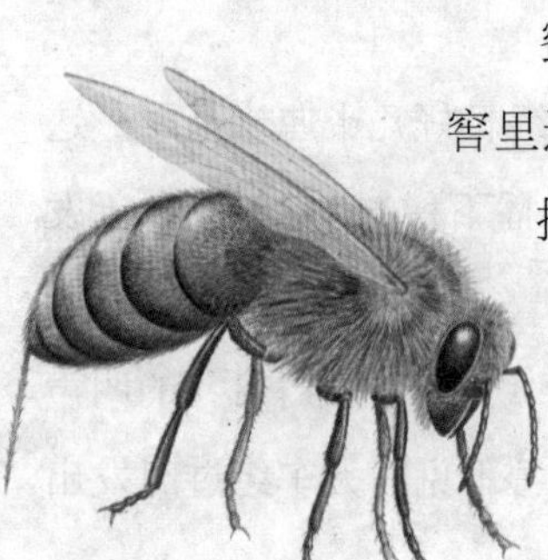

## 农场造林运动

每年春天，我们列宁格勒州的农场都会种植数千公顷的森林，很多地方都开辟了面积达 10~15 公顷的树苗场。

塔斯社列宁格勒讯

# 农场新闻

## 一座新城市

昨天，一座新城市一晚上就在果园周围建了起来。新城市的所有房屋都符合同一个标准，整齐划一。据说房屋不是现场建造的，而是从其他地方抬过来的。天气非常暖和，喜欢四处游荡的居民们很满意，它们在房屋的上空飞来飞去，正在努力记住房屋所在的街道和位置。

## 马铃薯欢度佳节

如果马铃薯能唱歌，你现在就能听到最快乐的歌曲。今天是马铃薯大喜的日子，它们马上就要搬到田里去了。瞧，人们仔细地将它们装进箱子里，搬上汽车拉走了。

为什么要那么仔细呢，还要装进箱子，为啥不放进麻袋里呢？

原因是嫩芽已经从马铃薯里长出来了，不小心翼翼的，怕被碰坏啊。嫩芽粗短矮胖，毛茸茸的，真是漂亮！晒得黑黑壮壮的嫩芽芽根上，有很多即将生出根来的白色小鼓包。尖尖的芽顶上，叶子已经露了出来。

## 古怪的坑

学校的试验田里去年秋天就挖了许多不知做什么用的坑，粗心的青蛙经常会不小心跌进这些土坑，许多人都认为这些坑是为了捕捉青蛙而专设的陷阱。

现在，连青蛙都知道了，原来这些坑是用来种植果树的。

苹果树、梨树、樱桃树和李树被孩子们分别种在了坑里。

每个坑中间还立了根木桩，将小树苗固定在上面。

## 剪指甲

农场里的剃头匠专门为牛剪了一次指甲，牛的四只蹄子被他洗得非常干净。这些牛很快就要去牧场了，必须给它们收拾一下才行。

## 农忙时节

田野里，拖拉机日夜忙活着。夜晚，田野中拖拉机孤孤单单地在穿梭；早上，田地里就热闹了，拖拉机的后面就紧跟着一大群寒鸦。拖拉机不断地把泥土中的蚯蚓翻出来，鸟儿们敞开肚皮猛吃，也吃不完。

河流和湖泊附近的田地里，忙碌的拖拉机身后跟着的是白色的鸥鸟，泥土中翻出的过冬蚯蚓和甲虫幼虫很合鸥鸟的胃口。

## 古怪的嫩芽

黑醋栗丛中长出来一些大大的、圆圆的古怪嫩芽，有几个甚至还张开了，外表很像很小的甘蓝叶球。将它们放到显微镜下后，我们吓得惊叫起来。一群恶心的小东西居然藏在里面，不断弹胡子、蹬腿的，它们都长着弯曲的长身子。

难怪嫩芽会胀得这么大，原来里面藏满了过冬的扁虱子！它们可是对黑醋栗威胁最大的死敌，不但会将黑醋栗的芽毁掉，还会

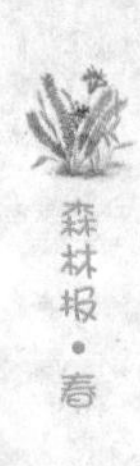


给醋栗树丛带来传染病，使黑醋栗树无法结果。

若树上胀鼓鼓的嫩芽不多，就要趁着扁虱子还没爬出来，及时将嫩芽摘下烧掉。若这种胀芽太多，那就只好将整棵树都烧掉了。

## 飞行的小鱼

一群刚满一岁的小鲤鱼飞到了“五一”农场里。它们是待在矮木箱里，搭乘着飞机飞过来的。虽然一般鱼类很少飞行，但是飞行没有对它们的身体产生任何影响，健康无比的它们正在农场的池塘里活蹦乱跳、快快乐乐地游着呢。

# 城市要闻

## 植树周

积雪融化后，土地已经解冻了，城区和州里迎来了植树周。春天里这几个种树的日子成了喜庆的植树节。

孩子们挖的树坑布满了学校的试验田、城市里的花园和公园，他们植树的身影遍布房屋附近、道路旁边等各个地方。

涅瓦区少年自然科学爱好者活动站准备了上万棵果树苗。

而滨海区的学校则收到了苗圃划拨给他们的两万棵云杉、白杨和枫树苗。

塔斯社列宁格勒讯

## 树种储蓄箱

田野广阔，要使田地免受风害，需要营造多少森林呀！营造防护林是国家的头等大事，我们学校的孩子们都知道。因此，春天时，六年级一班的教室里就摆出了一只大木箱——树种储蓄箱。

孩子们将自己采集到的树种放在小桶里带到学校，装进了大箱子。箱子里装满了枫树的种子、白桦树的柔荑花序和坚硬的棕色橡子。比如维佳，单是榛树种子他就采集了20来斤。储蓄箱在秋天就会被装得满满的，那时，我们就会上交政府，用来培育新苗圃的。

丽娜·波丽亚诺娃

## 果园和公园

一层薄薄的绿雾笼罩在树木上，透明得好像人呼出来的热气一样。这层绿雾在树叶刚刚伸展开身姿的时候就消失了。

巨大美丽的长吻蛱蝶出现了。它褐色的身上布满蓝点，就像天鹅绒一样，翅膀的尾端是白色的。

另一只有趣的蝴蝶也飞了出来，和荨麻蝶长得很像，只不过个头儿稍小，颜色也稍欠艳丽，呈现浅棕色。它的翅膀边缘呈锯齿状，看起来就像被撕碎了一样。

若是捉住它仔细观察，你就会发现它翅膀下面有个白色的字母“C”，简直像是有人特意画上去的一样。

这种蝴蝶的学名是“白C蝶”。

接下来出现的就是甘蓝粉蝶和白菜粉蝶了。

## 奇特的七星虫

在苏联境内，有一种奇特的鱼类分布在从列宁格勒到萨哈林岛的大江小溪中。又细又长的它粗看像条蛇，鳍长在背部靠近尾巴的部位，身体两侧没有鳍。游动的七星虫身子会像蛇一样不断扭曲，它皮肤柔软而无鳞，嘴巴和普通的鱼很不同，是漏斗一样的圆孔——吸盘。若有人见到这个吸盘，第一感觉就是它是条巨大的蚂蟥，绝对不是鱼。

这种鱼在乡下被称为七星虫，因为它身体两侧的眼睛下各长有七个呼吸孔。

七星虫的幼虫很像泥鳅，生活在河底泥沙里。它们经常被孩子们捉住，用作钓食肉大鱼的鱼饵。

七星虫经常用吸盘吸附在大鱼身上，随着对方在河水里漂流，大鱼始终都无法摆脱它。

渔民们还说，七星虫有时也会吸附在水里的石块上。它吸附在石头上，拼命地扭动身子，就会将石头拉走，真是条大力鱼呀！将石头搬开后，七星虫就会在水底的石坑里产卵。

这种蚂蟥样的奇特鱼类还有个名字，叫“七鳃河鳗”。

虽然模样并不讨人喜欢。但是若能用油煎煎，再放点醋，这种鱼的味道还是很不错的。

## 街头生活

蝙蝠们每天晚上都会在城郊来回飞翔，它们自顾自地在空中捕捉苍蝇和蚊子，很少理睬街上的行人。

燕子出现了。有三种燕子栖息在我们这里，尾巴像剪刀、喉咙处有块红斑的家燕便是其一；还有一种是短尾白颈的毛脚燕；最后一种是白胸脯的灰沙燕。

城郊的木质建筑物上隐藏着家燕的窝，石头房子上则黏附着毛脚燕的窝，而崖壁上的石洞里，灰沙燕正在孵卵。

雨燕在三种燕子飞来很久之后才出现。将雨燕和其他燕子区分开很简单。雨燕从屋顶上掠过，经常会发出刺耳的尖叫声，它们的外表看起来几乎是全黑的，双翅是半圆镰刀状的，和家燕尖角状的翅膀也不太一样。

蚊子也出来叮人了。

## 城里的海鸥

海鸥在涅瓦河刚解冻时就聚集在河的上空，轮船和城市的喧闹声并没有使它们畏惧。这些家伙在人们面前的水里从容不迫地捕捉小鱼。

飞累的海鸥若想休息，就会直接落到铁皮房顶上。

## 搭飞机的有翅乘客

飞机里传出了阵阵均匀的嗡嗡声，听到这种声音，你马上就能猜到搭乘飞机的是有翅乘客。高加索蜜蜂就在胶合板箱子里，箱子内部被分成了 200 个舒适的小房间，800 个蜜蜂家庭正由飞机从库班运到列宁格勒去。

蜂蜜准备得很充足，“乘客们” 在旅途中吃喝无忧。

H. 伊凡钦科

## 阳光雪

5 月 20 日的早晨阳光明媚，天空湛蓝湛蓝的。此时，雪竟然从天而降。像不断闪光的萤火虫一样，亮晶晶的雪花在空中轻盈缓慢地飘舞着。

不要再吓唬人了，冬天！这场雪是无法持久的！这场一落地就化的雪就好比是夏天的蘑菇雨，不仅不会遮住太阳，还会使蘑菇更快地生长。

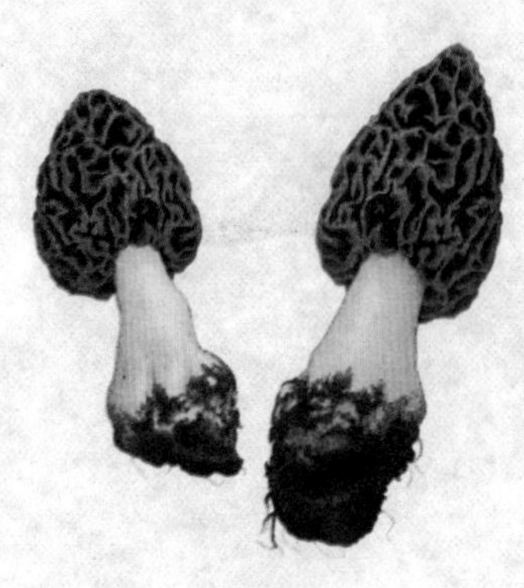

这时你可以到城外的森林里去看看，也许会发现令人惊喜的事物。

或许你会发现积雪融化后，地面上露出的满是皱褶的伞帽，那是初春最早露头的羊肚菌和鹿花菌，这些蘑菇的味道常鲜美。

驻森林记者　维利卡

## 咕——咕

第一声“咕——咕”声，在5月5日早晨的城郊公园里响了起来。

一周后一个温暖安静的傍晚，灌木丛中忽然传来了清脆明快的口哨声。起初，是轻轻的，稍后声音就大了点儿，最终，它们大声啼鸣起来。响亮的哨声传向四周，婉转动听，就像一把珍珠撒到了玉盘上。

人们这才恍然大悟，这是夜莺在啼鸣。

# 基特的故事

一位个头儿不太高的男孩儿走进了《森林报》编辑部。

“您好！”他挪进大门，怯怯地问候着，“我是基特·维里坎诺夫，少年自然科学爱好者。请让我成为《森林报》的一名特约记者吧，我很擅长编一些森林故事。”

“您的特长真是奇特。”我们非常惊讶，“但是您的特长并不是我们急需的，我们登载的内容都是事实啊。”

“怎么可能‘不需要’呢？难道你们不想让阅读《森林报》的读者们动脑筋思考吗？”

“我们觉得，读者本身就会动脑思考。”

“哈！但是我觉得读者会以为你们是在替他们思考，所以他们认为自己就没必要思考了。你们第一期刊发的报道有‘鸟儿们苦恼的是，可恶的猫儿和淘气的小男孩儿们经常会毁了它们的窝’一句吧？有！但是小鸟是不会讲话的，这些可怜的小家伙只会流着无人看到的眼泪，它们的话谁会懂？它们怎么会用话语埋怨？读者读到后肯定会认为鸟儿已经跑到《森林报》编辑部来诉苦了。就是这样！我本人就是读者。”

“瞧您说的！鸟儿自然不会说人话，这是读者都很清楚的事儿。”

“就算您正确！但是他们还是不擅长分析……批判性地面对生

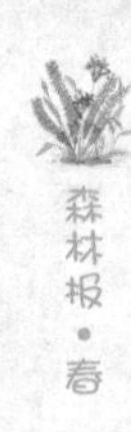


物事实。我设计了一个能帮助他们动脑思考的游戏。”

“哦？您做了个游戏。那这就是另外一回事儿了。让我们看看吧。”

基特从口袋里掏出来一个皱巴巴的练习本，递给我们。

这个游戏让我们觉得很有趣，也很有用。我们将基特的小本子留下了，还请他多做一些。

这个基特·维里坎诺夫就是经常在列宁格勒无线电台录制节目的小男孩儿，当然，这是我们后来才知道的。

电台编辑告诉我们，基特是个超棒的少年自然科学爱好者。他有着灵活诚实、乐观勇猛的精神，观察力很强。

但是他喜欢张扬和夸张，甚至连自己也给夸大了。他原本叫基特·马雷什金（有“小娃娃”的意思），现在却改成了基特·维里坎诺夫（有“巨人”的意思）。喜欢笑的他总是爱戏弄人，不过终究还带着原名的特质，玩笑过后，他总是会说出答案，真是个单纯诚实、爱憎分明的孩子。

看，这就是他的照片。

我们会将基特对自己所讲故事的解释放在本书的最后。阅读他的故事时，请读者尽可能以班级或小组为单位。若在故事中对关于生物的观察、介绍、观点和探险故事有不同意见，请在书中写下自己的判断。若认为基特的话正确，请写“真实”；若认为不是那么回事儿，就写下“虚假”。

然后，请将自己的判断和基特的解释对比一下，在自己的答案后面打分，看谁得的分最高。

一共有 4 个故事，每个故事中都隐藏了 10 个需要你作出判断的事实。“顶级聪慧少年”和“顶级打假者”的光荣称号会颁发给正确判断 40 个测试点、获得满分的一等奖获得者。而“二级聪慧少年”和“二级打假者”的光荣称号将授给获得 30 分的二等奖获得者；而“三级聪慧少年”和“三级打假者”的称号将授予获得 20 分的三等奖获得者。

## 我的十次观察经历

本周周日我起得很早，因为我想去看看城外动植物的情况。

两只飞翔在涅瓦河河面上的大海鸥映入了我的眼帘。天哪！这两只海鸥浑身长满了白色羽毛，双翅却像墨染的一样黑，颜色真是不一般啊，真是奇怪。

“哗”的一声，几只在桥下游来游去的野鸭潜进了水里。

我站在桥上，透过清澈的河水可以很清楚地看到水底。潜泳的野鸭们在水下自由地穿梭，不停地扑扇着翅膀，它们游得飞快，就像在空中飞翔一样。

我被这种怪事惊得目瞪口呆，站了一会儿，我开始继续向前跑，边跑边唱起了一首古老的校园歌谣：

**谎话！谎话！**

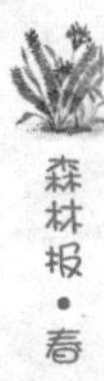



谎话满嘴跑火车！

小虾跳到炉子上，

带着锤子去割草！

瞧，搭上电气列车，我没过多长时间就到了一个熟悉的小站，然后又迅速进入了森林，芬兰湾和大海就在森林的后面。

各种水鸟正在欢快地飞翔，海上传来阵阵鸣啼声。为了看得更清楚些，我拿着望远镜爬到了树上。举着望远镜向远处望去，突然，我吓得差点儿把望远镜扔掉，15 只像炭一样奇黑无比的天鹅闯进了我的视线！

太让人吃惊了！我是多么幸运啊！除我以外，恐怕没有人能在列宁格勒郊外看到如此奇妙的景象了！

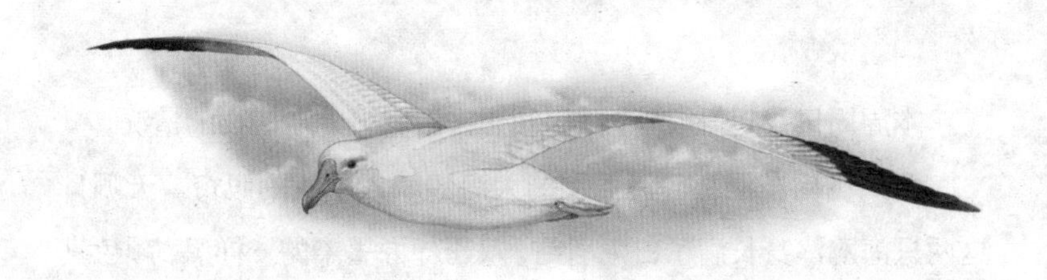

看！天鹅的附近又靠过去一群大雁。真是没想到会有这么多，蹲在大雁背上的成群的家燕和雨燕飞起来了。此刻，天空中挤满了鸟儿，扇动着双翅，朝各处飞散开去。

亲爱的鸟儿们，你们终于都飞回来了！健壮的大雁用宽阔有力的翅膀把燕子们从大海岸边背了回来。真是太感谢大雁了，我们已经盼望燕子很久了！

到了该回家的时候了。我回头打量着森林，鲜花盛开在森林里，甜甜的蜜香弥漫在森林里，高高的椴树挺立着。一丛丛闪亮的黑色鲜花挤在山丘上，但是我已经记不起它们的名字了。时不时从远处传过来像小绵羊咩咩叫的声音一样。你当然清楚，我们这里的绵羊在春天是用尾巴歌唱的。

尽情享受春天声音、味道和美丽的我久久地坐在树上……忽然，我看到一只白花花的动物跑过了灌木丛。起初，我还以为是只兔子，仔细一看，这是只鸟儿，根本就不是兔子。它比兔子要小，身上布满大块黄斑，并不是纯白的。

“哈！这种鸟就像雪兔一样，冬天穿着白袄，夏天就会换上花衣裳。”我暗暗猜道。

天色已近中午，我开始感到饥饿，就从树上爬下来往车站跑。忽然，一个影子在林子里闪过。我以为是树梢上的燕子，再一看，原来是蝙蝠！这么说，它们也从越冬的窝巢里爬出来了。

我在车站前的林子边成功地完成了第十次妙趣横生的观察。准确地说，称为发现更合适。在灌木丛下，我找到并采了满满一篮子美味的蘑菇！

这些蘑菇被妈妈做成了晚餐的一道菜。

你能猜出来我的观察哪些是真的，哪些是假的吗？猜中一处，就能得到2分哦！另外，有些观察既有真的又有假的，你能将这些观察判断出的话就能得到1分，然后再看下我在书后附的解释，就清楚原因了。

基特·维里坎诺夫

# 狩猎

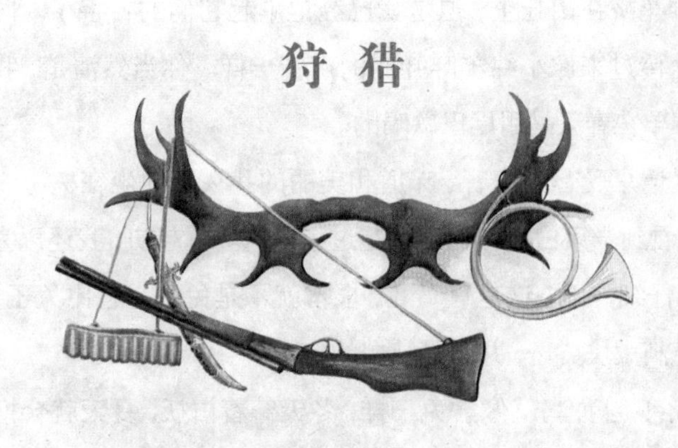

## 去马尔基佐瓦湖猎野鸭

### 在集市上

列宁格勒的集市上近来正在出售各种野鸭。有的浑身漆黑，有的和家鸭类似；有的很大，有的很小；有的尾巴像又尖又长的锥子，有的嘴巴像宽扁的铲子，有的嘴巴又窄又小。

如果让一个不懂行的主妇去买野味，那可就坏了。瞧，野鸭被她买回家后立刻烤好了，但鸭肉满身鱼腥味，没人吃得下。原来，她买回的是只吃鱼的潜鸭，或是秋沙鸭，或者根本就不是鸭，而是一只潜水䴙䴘。

懂行的主妇一眼就能看出谁是潜鸭，谁是好野鸭。秘密就在鸭子最小的一根脚趾上。不论是公的还是母的，潜鸭这只脚趾上的厚皮大而突出，而那些美味野鸭后脚趾上的厚皮则非常小。

# 在马尔基佐瓦湖里

春天里，集市上出售各种不同种类的野鸭，马尔基佐瓦湖里的野鸭那才叫丰富。

涅瓦河口与喀琅施塔得要塞所在的科特林岛中有片水域，属于芬兰湾的一部分，自古以来就被称为马尔基佐瓦湖。这里是列宁格勒猎人的狩猎天堂。

到斯摩棱河岸上走走吧。你会在斯摩棱公墓旁看到一种颜色和河水相同的小船。小船的外表奇特无比，它有一个很平的船底，两头翘得很高，小小的船身，却异常宽阔。

这就是狩猎时用的小划子。

黄昏，或许你会恰好遇到个猎人。他将火枪和其他杂物放进小划子后，就将小船推入河中，然后摇着船尾的舵顺着河水向下游划去。

20 分钟以后，他就会抵达马尔基佐瓦湖。

涅瓦河虽然早已解冻，但许多巨大的冰块仍然漂浮在海湾里。穿过灰色波浪的小划子迅速向冰块靠去。

接近冰块后，他将船靠上去，自己则跳上了冰块。他把白长袍披在毛皮外套外，将一只用来诱引别的野鸭的母野鸭从小划子里掂了出来。他又把母野鸭拴好放入水中，把绳子的另一头固定在冰块上。母野鸭立刻发出了一阵“嘎嘎”的叫声。

坐在小划子中的猎人迅速划离了冰块。

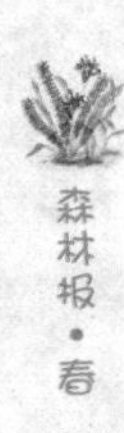



## 奸细母野鸭和白袍隐身人

没过多久，一只公野鸭就从远处的水里钻出来，听到母野鸭的呼唤声，它径直向对方飞去。还没有飞到母野鸭跟前，枪就“砰”的一声响了，然后又一枪，公鸭径自栽到了水里。

扮演诱饵的母野鸭很清楚自己的任务，它拼命地叫唤着，就像收了人家很多钱一样。周围的公野鸭听到母野鸭的叫唤声，相继飞了过来。

这群眼里只有母野鸭的公野鸭，根本就没有看到白色冰块旁还有白色小划子和白袍猎人。在猎人一枪又一枪的射击中，野鸭接连跌落到水中，猎人将它们捞到了小划子中。

一群群野鸭沿着长长的海上航线，继续着它们的长途旅行。太阳落山了，逐渐变暗的天空掩盖了城市的轮廓，一盏盏灯火在夜色中陆续亮了起来。

不能再在这样黑的夜色中开枪了。诱饵母野鸭被划子中的猎人提了回去。为了防止被浪冲走，小划子被铁锚紧紧固定在冰块

上，贴在冰块边缘。要想想怎样过夜了。

夜色中，风突然刮了起来。乌云布满了天空，天色深沉如漆，在黑暗的笼罩下，伸手不见五指。

## 水上小屋

将两个弧形木架固定在船舷上后，猎人将展开的帐篷铺到了木架上，再绷紧。做完这些事后，他点起了煤气炉，放上了一壶从湖里舀起的水，这里的水是涅瓦河注入马尔基佐瓦湖的，所以仍是淡水。

帐篷被滴滴答答的雨水敲打得砰砰直响，但是猎人并不在乎。防水帐篷里面干燥明亮，煤气炉像火炉一样咝咝喷着热气，真暖和呀。

喝着热茶、吃着点心，猎人顺手也给母野鸭喂了食，犒赏一下立了大功的助手，然后他又抽了一会儿烟。

春天的夜晚总是很短暂，很快，一抹鱼肚白出现在了东方天际，然后逐渐膨胀、变宽。乌云开始退却，风雨也逐渐停了下来。

帐篷里的猎人向外探头张望着。河岸盘踞在远处，黑黝黝的。城市仍隐没在黑暗中，连点儿灯光都没有。大风在一夜之间将冰块儿远远地吹到了广阔的大海中。

这下坏了，回到城里肯定得费不少工夫。还好另一块冰没有被夜里的大风刮来，否则小划子一定会被两块撞在一起的冰挤得粉碎，自己也会变成肉饼。

还是赶快做正事吧！

# 诱猎天鹅

充当诱饵的母野鸭再次卖力地嘎嘎叫唤着，声音向四方传开。这时，附近游过来一只白天鹅，体形硕大的它在波浪里起伏不定。但是为什么它一声不吭，原来是只模型，假的，也是只诱饵。

一只只野鸭聚拢过来，落入圈套的它们被猎人开枪一一射杀。

忽然，一阵"克噜、克噜噜"的喇叭声从头顶上空远远地传了过来。

公野鸭不断降落下来，将翅膀扇得哗哗响，向母野鸭身边聚过去。面对大群野鸭，猎人却不再理睬了。

他飞快地将子弹装进猎枪，然后将拢着的双手捂在嘴边，用一种奇特的姿势学起了天鹅的叫声：

"克噜、克噜噜……"

三个高在云端的黑点儿越变越大，鸣叫声也越来越响，越来越清楚，变得刺耳起来。

停止了吹叫的猎人开始保持沉默，不再理会它们。因为，没人能模仿近处天鹅的叫声。

现在已能看得很清楚了，三只白天鹅缓缓地向冰块降落，它们缓慢扇动着的翅膀在阳光下反射着银光。

兜着大圈子的天鹅越飞越低。

这三只天鹅在高空中发现了冰上的那只天鹅，它们以为对方正在招呼自己，于是落了下来。也许对方是累坏了，或者是受伤掉队了，这才降落到冰面上的。

它们不停地盘旋着……

坐着的猎人一动不动，双眼紧紧盯着这群伸着长脖子的大白鸟。它们一会儿靠近自己，一会儿又远远飞离。

## 屠　杀

此时，再次兜起圈子的天鹅们已经离小划子很近了。

“砰”的一声，枪响了，最靠近猎人的那只天鹅，长脖子像根鞭子似的直直地垂了下来。

“砰！”枪声再次响起，紧挨着它的那只天鹅在空中翻了个跟头，沉沉地栽到了冰面上。

最后面的那只天鹅见状立刻飞向高空，消失在远方。

猎人这次可是交着好运了！

赶紧收工回去吧。

但是现在可没那么容易划回城了。

浓雾弥漫在马尔基佐瓦湖中，十步以外的地方就什么也看不见了。

工厂低沉的汽笛声从城市里远远地传过来，但是汽笛声一会儿在左一会儿在右，让人迷惑不已，不知道该往哪里走。

小划子碰撞着细碎冰块儿，声音像玻璃碎裂一样清脆。

细冰碴擦过船头，发出一阵嚓嚓声。

如果撞到大冰块儿该怎么办？

小划子肯定会一个跟头翻个底儿朝天，慢慢沉到水底去。

## 翌 日

一群人聚在安德烈耶夫市场上，惊奇地观望着猎人肩头搭着的两只雪白大鸟，它们的嘴几乎垂到了地上。

围着猎人的孩子们好奇地问着一个个问题：

“大叔，你从哪里打到它们的？咱们这里还有这种鸟啊？”

“它们正要飞往北方去做窝。”

“嚯！那它们的窝一定很大吧！”

家庭主妇则关心着另外的事情。

“你说，它们能吃吗？有鱼腥味儿吗？”

口中不断回话的猎人耳边又响起了天鹅像号角一样的鸣叫声，还夹杂着野鸭快速扇动翅膀发出的哗哗声，当然，还有碎冰和划子碰撞时的清脆声响……

上面说的都是以前的旧事啦。

今年春天，天鹅仍会飞经列宁格勒的上空，天空中也仍会传来它们响亮的鸣叫声。但和以前相比，天鹅的数量已经少了很多。

像这样巨大美丽的鸟儿谁都想捕捉，猎人们使尽诡计，打死了不计其数的天鹅。

现在，列宁格勒已经明令禁止捕捉天鹅了。谁胆敢违抗禁令，必定会受到沉重的惩罚。

不过，马尔基佐瓦湖里还栖息着很多野鸭，它们还是可以继续打的。

# 打靶场

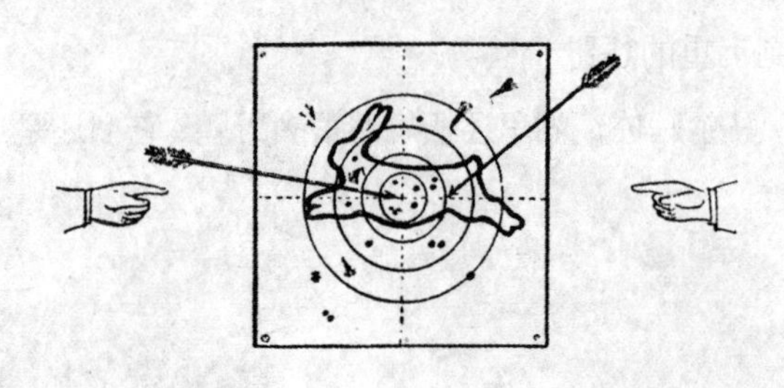

## 第二场竞赛

1. 变黑斗又咬，变红乖宝宝。（谜语）

2. 哪种能吃的蘑菇最早长出来？

3. 耕地的农民身后为什么会跟着白嘴鸦？

4. 喜鹊窝和乌鸦窝有什么区别？

5. “流浪汉”指的是哪种蜘蛛？

6. 去南方过冬的雨燕和家燕，谁先飞回来？

7. 在椋鸟屋不足时，椋鸟会在哪里做窝？

8. 奶牛、绵羊和马的背上为什么经常站着椋鸟和寒鸦？

9. 春天，家鸭和家鹅为什么会焦躁不安，还会伤心地叫？

10. 哪些鸟儿会在春汛到来时遭灾？

11. 哪些鱼儿在春汛时禁止猎杀？

12. 鸟类和爬虫谁更怕冷？

13. 青蛙舌头的哪个部位和嘴连在一起？

14. 图中是两种鸟的翅膀。不同环境下成长的鸟的翅膀是不同的。请判断出谁生活在密林中，谁又生活在旷野里。

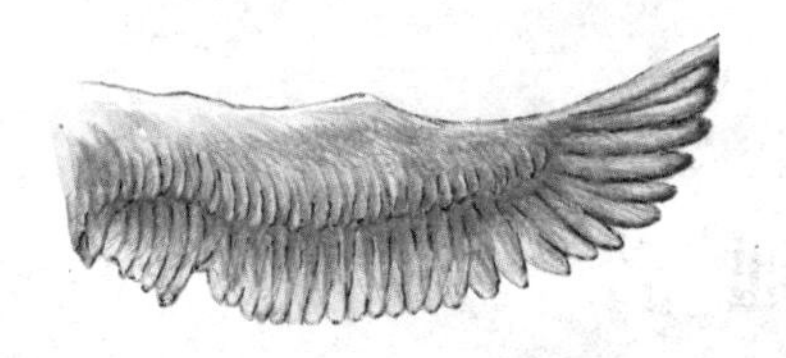

15. 后看像叉子，前看像锥子，横看像纺锤；胸前挂白布，脊背披蓝呢，说话像洋人。（谜语）

16. 门没环，自己开，狗没尾，跑进来。（谜语）

17. 像黑牛，不是牛，六条腿，不长蹄。飞向天，嗡嗡闹，落下来，把地刨。（谜语）

18. 5 月里，飞出门，不是鱼虾，不是禽兽。鼻子长，声音小，飞起来，嗡嗡叫，落下来，静悄悄，巴掌一拍就完了。（谜语）

19. 一个往下泼，一个往里喝，一个只长个儿。（谜语）

20. 不会走路不会跑，不会抬头往上瞧，连个窝都不会做，生养孩子却真多。（谜语）

21. 自己饿肚皮，养活其他人。（谜语）

22. 小时小铃铛，大时大铃铛。（谜语）

23. 没翅膀，也能飞，没有脚，也能走，没有帆，也能游。（谜语）

24. 身上七件宝，四个向前跑，两个爱争斗，剩下一个好似鞭。（谜语）

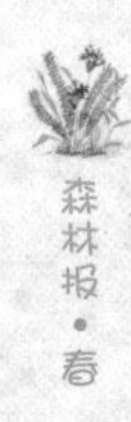

# 通 告

## 《森林报》"火眼金睛"大比拼启事

若你想得到"火眼金睛"的光荣称号，请细细钻研我们刊登在通告栏里的图画。根据画中动物的形状、足迹或其他特征，分辨出画中是什么鸟兽。这些鸟兽可能生活在森林、田野中，也可能生活在水中和空中。

### 这是什么鸟？

第一场测试

4只大鸟从空中飞过，怎样辨认它们是哪种鸟儿呢？

图1　图2

图3　图4

这是一只脖子很长的大鸟儿。尾巴短小，翅膀长得很靠后，飞起来就看不见它的双脚。它是哪种鸟儿？

这只鸟儿与前一只鸟儿外表很像，但是个头儿要小一些，脖子也很短，全身的羽毛都是灰色的。它是哪种鸟儿？

这只鸟儿翅膀长在身体的中间部位，前伸的脖子和后伸的双腿都像木棍儿一样直挺挺的。它是哪种鸟儿？

这只鸟儿的双翅鼓突，双腿后伸，很像木棍儿，它的头和脖颈很像个大问号。它是哪种鸟儿？

## 速来报名

请参加鸟兽保护协会，和我们一起去救助遭受洪灾的野兔、狐狸、松鼠、鼹鼠以及其他各种生活在陆地上的野兽吧。

只要是救助遭受水灾的动物的人，都会颁发以马扎伊老爷爷的名字命名的奖章。

少年自然科学家协会成员会亲自动手制作这些奖章，用厚纸裁成圆块儿，然后将一层金色或银色的纸包在外面。

少年自然科学家协会将为救助大型动物的人颁发金色奖章，大型动物包括驼鹿和鹿等比狐狸大的动物。

还会为保护小动物的人颁发银色奖章，小动物包括野兔、松鼠、鼹鼠、刺猬等。

## 请为鸟儿准备住宅

我们那些著名的灭虫能手——鸣禽朋友，为了顺利养育雏鸟，此刻正在寻找自己的住所呢。

我们强烈号召读者朋友们提供帮助，为它们准备好住宅。

枯枝掉落时，总会在树身上形成一个凹窝。将它们挖深，这样很容易就能建造成一个鸟洞。这种洞在一些枯朽的老树身上也很容易挖成。山雀、红尾鸲、白腹鹟、猫头鹰和黑啄木鸟等，这些以树洞为窝的鸟儿很喜欢住在这样的树洞里。

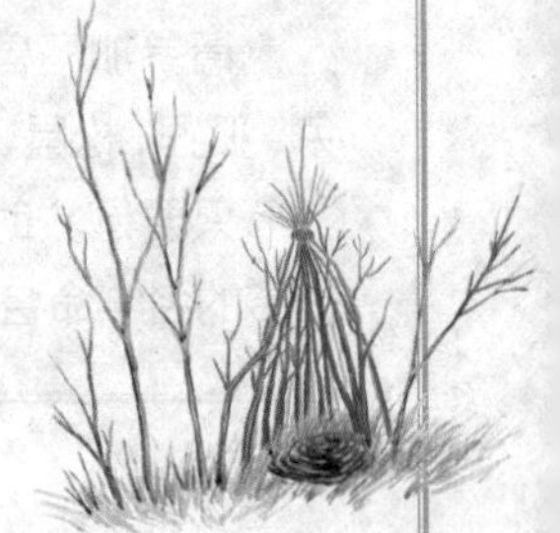

请将灌木枝捆扎成一束束的，这样就能方便那些爱在灌木丛中做窝的小鸟了。如右上图。

请多做一些浅树洞式的窝，给那些爱在浅树洞里做窝的灰鹟和红腹鸲，如左下图。

请仿照右下图所示，为猫头鹰和寒鸦做个窝。

图中的这些阔叶是哪种树上的？这些针叶又是哪种树上的？

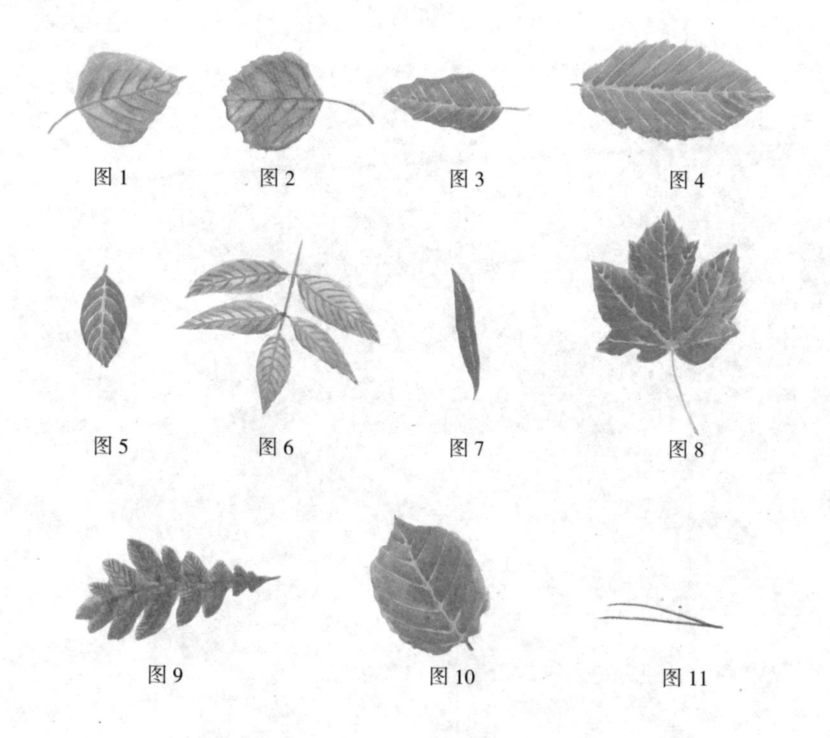

图 1　图 2　图 3　图 4

图 5　图 6　图 7　图 8

图 9　图 10　图 11

5月21日～6月20日　　　太阳进入双子宫

# 森林报

# No.3

## 欢歌曼舞月

## （春三月）

# 一年：太阳在 12 个月内谱写的乐章

5 月——请欢歌曼舞吧！给森林换上崭新的绿衣，是春天要完成的第三件工作。

看！欢歌曼舞月，这森林里最欢乐的月份即将拉开帷幕！

太阳获得了彻底胜利，它的光明击败了冬天的黑暗，它的温暖击垮了冬天的严寒。我们的白夜在晚霞与朝霞的会面中开始了。泥土养育了生命，甘霖滋润了生命，此刻，万物充满盎然的生机，奋力向上生长。换上绿衣的树木迸发出蓬勃的生命力，不计其数的昆虫振动着轻灵的双翅来回飞动，在高空展示着曼妙的舞姿。傍晚，夜鹰和蝙蝠等身手敏捷地在夜色中翻飞，追捕着昆虫；白天，忙碌的家燕和雨燕在天空中不断穿行，不断盘旋的雕和鹰在森林上空巡视着，而扇动着翅膀的茶隼和云雀在田野上空悬着。

勤劳的蜜蜂，振着金色的翅膀从蜂巢里飞了出来。森林的上空回荡着歌声和嬉戏声，这是野外的黑琴鸡，水上的野鸭，树上的啄木鸟和被称为“天上的绵羊”的鹬在欢歌曼舞呀。引用诗人的一句话：“在俄罗斯的土地上，所有生灵喜气洋洋。森林中的肺草，从去年的枯枝败叶中探出头，闪着亮闪闪的蓝光。”

5 月，常被称为“哎呀月”，是什么原因呢？

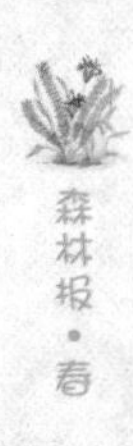


5月有点热，又有点冷。白天，太阳暖暖的；夜晚，哎呀！真冷啊！5月，有时需要大树避暑；有时又得为马儿铺好干草，自己也得睡火炕呢。

## 愉快的五月

谁不想表现一下自己的勇敢和强壮，炫耀一下力量和敏捷的身手？此刻，歌唱家和舞蹈家不知躲到哪里去了，森林中所有动物的爪牙都开始发痒，渴望痛快地打上一架。羽毛和兽毛在空中飘飞，动物在这春天的最后一个月里忙得不可开交。

夏天就要到来了，鸟儿们正在为造窝和养育雏鸟奔波费心。

乡下人说："春天倒是很想像姑娘一样长期在俄罗斯安家，但布谷鸟和夜莺一开口，她就得投向夏天的怀抱。"

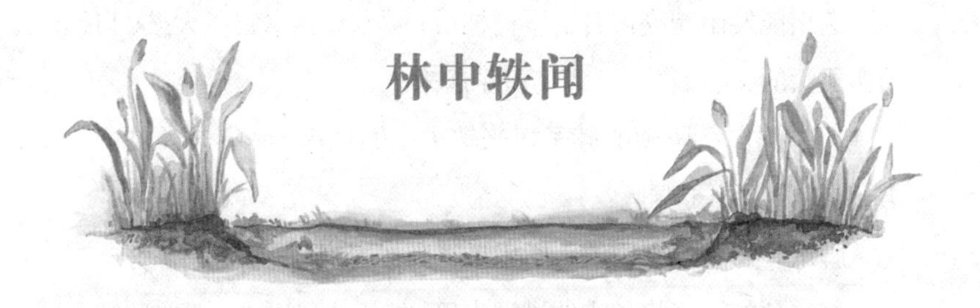

# 林中轶闻

## 森林乐团

本月，大展歌喉的夜莺会日夜唱个不停，从不停歇。

它究竟什么时候会睡觉呢？孩子们实在搞不清。春天，忙活的鸟儿顾不上睡觉，唱着唱着就会打盹儿，醒过来再唱。它们睡觉的时间很短，只会在半夜和中午各睡一小时。

不只是鸟儿，森林中所有的生物都会在早上和傍晚演奏和歌唱。它们各有各的乐器，各有各的调子。有的独唱，有的拉琴，有的敲鼓，有的吹笛。嗡嗡、咕噜、哇哇、汪汪、嗨嗨、嗷嗷，充满森林；尖叫、哀叹、叫喊、咳嗽、低吟，回荡空中。

燕雀、夜莺和鸫鸟的歌声清脆婉转、纯净悠扬，甲虫和螽斯吱吱呀呀地拉着琴，啄木鸟咚咚地奋力打着鼓，黄莺和白眉鸫鸟尖声尖气地卖力吹着长笛。狐狸和柳雷鸟哇哇直叫，牝鹿不停地咳嗽；狼在长嚎，猫头鹰在低哼；忙碌的丸花蜂和蜜蜂发出了阵阵嗡嗡声，青蛙变化着花样儿，一会儿呱呱叫，一会儿又咕咕叫。

不能唱的动物并没有不好意思，它们各自弹奏着自己拿手的乐器。

选出能发出响亮声音的干树枝后，啄木鸟就拿它当大鼓，自己结实灵活的尖嘴当鼓槌，笃笃敲了起来。

天牛把自己坚硬的脖子扭来转去，发出了一阵嘎吱嘎吱的响声，难道不像小提琴吗？

脚爪和翅膀都有钩的螽斯用爪子弹拨着翅膀，奏起了音乐。

棕红色的大麻将长嘴伸进湖水里，把水吹得呼噜呼噜响，整个湖里都传遍了像公牛群低吼的声音。

独树一帜的田鹬竟然用尾巴唱起了歌。它挺胸飞向高空，径直俯冲了下来，展开的尾巴被风吹着，森林上空响起了仿佛羊羔咩咩叫的声音。

这就是森林乐团。

## 旅　客

黄色的顶冰花在大树和灌木丛中摇曳着，它们零星分布在离地面不高的地方，金星似的花儿闪耀着光芒。

明媚的阳光穿过光秃秃的树木，顺畅地直射到地面上，这正是顶冰花开放的时候。旁边的紫堇花，也随之怒放了。

这些早开的花儿让人的心情多么愉快啊！紫堇花那紫色的花朵形状雅致，和花儿的长柄紧紧相连，一束束盛开在花茎上，灰绿色的叶子有锯齿状的边缘，全身上下美得无法描述。

此时，地面上树荫浓密，花季已过的顶冰花和紫堇花若不赶快回家，恐怕性命就会受到威胁。家住地下的它们，只能算是地面上的匆匆过客。散播完种子后，它们很快就会消失，但是地下仍隐藏着它们像蒜头一样的鳞茎和圆形块茎，它们会在那里安全地度过夏、秋、冬三季。

若想在自家的花园里移栽这些花儿，就要趁它们晚开的花朵还没凋落，就赶快把它们挖出来。务必仔细，它们淡白色的地下根茎，长得令人惊奇，可要小心不要把它们挖断了呀！

旅客们的鳞茎和块茎在冻土地带隐藏得很深，若有保护层或者土壤温度比较暖的地方，其根茎就会离地面近一些。想要移植此花儿的朋友们，请记住这一点。

尼·帕夫洛娃

## 田野中的声音

为了除草，我和同学们一块儿来到了田中。走在路上时，我们保持着沉默。突然，一阵鹌鹑叫声从草丛里传过来，“卜齐卜洛齐（发音与俄语“去除草”相似）！卜齐卜洛齐！”

“我们这就是要去除草呀！”听到歌声的我们答道。“卜齐卜洛齐！卜齐卜洛齐！”它仍旧这样唱个不停。

经过水塘时，我们看到两只青蛙在水面上露出了头。它们耳后的鼓膜不断地起伏，不停地叫着。“朵拉（发音与俄语“傻瓜”相似）！朵拉！”一只这样叫，“萨马卡卡瓦（发音与俄语“你也不怎么样”相似）！萨马卡卡瓦！”另一只这样回敬对方。

翅膀圆圆的麦鸡在我们刚走到田里时，就远远地跑过来欢迎我们，在我们头顶上不断地扑扇着双翅，一遍遍地问“齐伊维？（发音与俄语“你们是谁”相似）齐伊维？”“我们是克拉斯诺亚尔斯克村里的！”我们大声回答道。

驻森林记者　库洛奇金

## 鱼之歌

水底的声音被人录了下来，然后通过无线广播播放了出来。世人从没听过的声音顿时灌进了人们的耳膜，人们说话的声音很快就被淹没了。吱吱声低沉暗哑，吱嘎吱嘎的尖叫声刺耳高亢，低吟声，哼唱声，还有独特的咯咯声和震耳的嗒嗒声。黑海里的各种鱼类是这些声响的制造者。不同的鱼会有独特的声音，和其他鱼类绝不相同。

现在，有了巧妙的海底声音搜集设备——它们是极其灵敏的水下“耳朵”——我们坚信鱼儿绝不是哑巴，水下也不会是无声国度。这种发明有很大的现实意义，凭着水下测音器，我们能快速找到有捕捞价值的鱼类和它们聚集的地方，还可以摸清它们的洄游路线。这样，鱼群的位置就能快速确定了，出海捕鱼也就有了明确目标。必要时，人类还能通过模仿鱼类的声音来诱捕它们。

## 天然房顶

花儿中最娇嫩的花粉，若被弄湿，就会坏掉，因而对花儿来说，雨露是十分危险的。但是它们又是怎样保护自己的呢?

铃兰、黑果越橘和越橘花的花粉被外形很像倒吊的小铃铛的花瓣护卫着。

仰着头开放的金梅草花花瓣像一个个向内弯曲的小汤匙，层层花瓣紧密地挤在一起，很像闭合紧密的毛球。即使下雨，雨水也会落到花瓣外，内里的花粉很安全。

含苞待放的凤仙花苞全都躲在叶子底下，真是些机灵聪慧的小鬼。花茎伸过叶柄，花苞就稳稳地待在了叶子的下面，成功地获得了叶子的庇护。

野蔷薇的雄蕊很多，下雨时，它就把花瓣迅速合起来；莲花也会在刮风下雨时将花瓣合拢起来。

下雨时，毛茛花则会低垂花朵，避免雨水打湿花粉。

尼·帕夫洛娃

## 森林里的夜晚

我们收到了一位森林记者寄来的信：

“为了倾听夜晚森林里的各种声音，我特地在晚上去了森林。听

到的声音有很多种，但是我却说不出到底是什么动物发出来的。这样，我可怎么给《森林报》写报道呀？”

我们告诉他：“请直接把听到的声音记录下来，我们会设法弄清楚的。”

于是，他的回信很快寄回了编辑部：

“实际上，我在夜晚的森林里听到的声音很混乱，压根儿就不是你们在报上所说的乐团演奏声。

所有鸟儿都停止鸣叫的时候已经是半夜了，森林里一片沉寂。

此时，一阵低沉的琴声突然从高处传了过来。起初很轻，后来越来越响，然后变得沉闷厚重，接着，声音再次变轻，直到最后，一点儿声音也没有了。

这样的序曲还不错嘛，我心想，虽然是单弦独奏，但总算开始了。

突然，一阵‘哈哈哈！呵呵呵’的狂笑声从森林里传了过来。那声音真是瘆人啊，我的脊背上好像爬过了一群蚂蚁。

我暗自揣度，这是在为刚才的演奏者叫好吗？怎么听起来更像是嘲讽啊！

然后又是很长时间的寂静，我还以为再也听不到别的声音了呢。

等了一会儿，我听到了一种给留声机上发条的声音，不停地上啊上，却始终听不见声响。我暗暗纳闷：怎么着，留声机坏了？

后来，上发条的声音停息了，又是一片静寂。但是没过多长时间，又有人上起了发条，不停地吱吱嘎嘎！简直烦死人了。

终于，发条上够了。哎哟，我想，这回该把唱片放进去了吧，等会儿就能听到演奏了！

唱片还没放呢，就突然有人热烈地鼓起掌来，掌声那叫一个响啊。

我纳闷不已，怎么了？还没人表演呢，这是鼓的哪门子掌？

就这样，没过多长时间，发条又开始一个劲地上了起来，上了很长时间，但就是忘了放唱片，掌声仍然响个不停。我气坏了，就回家了。

我们认为，这位记者的气生得真是没有必要。

他耳边不是响过一阵低沉的琴声吗？是哪种甲虫从他头顶飞过去了呢？或许是金龟子吧。

他所说的那种瘆人的“哈哈”声，是一种猫头鹰的叫声。这么恐怖的笑声是它天生的，你能拿它怎么办呢？

“嘎吱嘎吱”的留声机上发条声，是蚊雌鸟的叫声，不是猛禽的它们喜欢在夜里出来转悠。当然，夜鹰根本就没什么留声机，它的喉咙是这种声音的真正来源。可能它一直自认为自己唱得还行吧。

在黑暗中热烈鼓掌的也是它。当然，夜鹰并不会鼓掌。它只是在空中拍打翅膀，掌声就是空中拍翅的啪啪声！听听，的确很像掌声吧。

为什么它要这么做呢？编辑部也无法解释，因为我们也不知道。

或许它觉得这样十分有趣吧。

## 嬉戏和舞姿

沼泽地里，灰鹤开起了舞会。

围成圆圈后，单个或成对的灰鹤便开始在圈子中央跳起了舞。

起初倒也一般，灰鹤们不过是用长腿蹦来蹦去罢了。但是后来就有趣了，连蹦带跳的灰鹤们迈着大步，花样百出，十分滑稽！这根本就是在跳特列帕克舞嘛！瞧，转圆圈儿，蹦跳，矮步！中间的灰鹤则在缓缓地扇动着翅膀。

空中举行的可是猛禽的游戏和舞会。

游隼尤其出众。它们飞上白云，表现着各自的本事。有时，游隼会突然收起翅膀，像石块儿一样从让人眩晕的高空径直扎向地面，然后，在即将到达地面的时候，它们又会猛地伸展双翅，划一个大圆圈儿后再次飞向高空。有时，它们又会展开翅膀一动不动地悬在高空中，就像是被绳子拴在云彩上了一样。有时，游隼们还会像正在表演的小丑一样在空中翻跟头，翅膀被风刮得猎猎直响，就这样翻滚着径直向地面扑去。

## 最后到来的鸟群

春天即将结束时，最后一批在南方过冬的鸟群飞回了列宁格勒州。

果然和我们想的一样，这群姗姗来迟的鸟儿毛色鲜艳。

现在，鲜花开满了草地，绿衣重新披上了灌木丛和大树。枝叶浓密的它们成了鸟儿们躲避猛禽捕杀的庇护所。

一只来自埃及的翠鸟出现在彼得宫的一条小溪上。它的身体蓝中透绿，还夹杂着棕色。

几只黑翅膀的金色黄莺在树丛中不停地鸣叫着，它们来自非洲南部，叫声很像在吹笛子，又像是体弱的猫咪在喵喵叫。

歌鸲和石雕出现在了潮湿的灌木丛中。歌鸲长着蓝肚皮，羽毛则斑驳多彩。金黄色的鹡鸰也开始出现在沼泽地里。

伯劳、流苏鹬和佛法僧鸟也飞回这里。伯劳长着一条红红的尾巴，肚皮却是粉色的。流苏鹬长着五彩斑斓的羽毛，脖颈里的毛蓬松松的；佛法僧鸟的羽毛蓝中透绿。

## 秧鸡徒步行千里

从非洲来到这里的秧鸡是一种很奇特的鸟。它们不是飞行的好手，飞得奇慢无比，很容易被鹞鹰或游隼抓到。

但是秧鸡跑得非常快，而且很精通在草丛里躲藏。因此，它宁愿用两条腿穿过整个欧洲。它偷偷地跑过草地和树丛，到了无路可走的海边，才会在夜里扇着翅膀，悄悄地飞过大海。

到了我们这里，秧鸡天天都在茂密的草丛里叫唤，听！“唧——唧！唧——唧！”虽然很容易听到它的叫声，但是要想把它从草里赶出来，观赏一下它的尊容，可不是件容易事。不信你就去试试看，看到底能不能把它赶出来。

## 哭与笑

除了流泪的白桦，森林里的其他树木都非常爱笑。

白桦树洁白的身躯被炽热的阳光灼烧着，体内的树汁越流越快，越来越多的树汁透过树皮上的小孔向外流淌。

白桦树汁被人们当成营养丰富又可口的饮料。于是人们便将树皮切开，把汁水收集进瓶子里。

但是，如果树汁流失过多，树木就会枯萎。树汁对树木来说，就像人体内的血液一样不可或缺。

## 松鼠吃肉

植物是松鼠在整个冬天的食物。坚果仁、秋天储存的蘑菇，都成了它的腹中餐。现在，吃肉的好日子总算到了。

各种鸟儿都已经在造好的窝里产下了蛋，有些雏鸟甚至已经孵化出来了。

松鼠正盼着呢。在树枝和树洞里，找到鸟窝的松鼠就会叼走窝里的小鸟和鸟蛋，美美地享受一顿大餐。

和猛禽相比，这种可爱的啮齿动物捣毁鸟窝时也毫不逊色呢。

## 我们的兰花

在我们北方，很少能见到这种有趣的花儿。看到它时，你会情不自禁地想起它那些著名的亲戚。比如长在热带的迷人兰花。热带丛林里的兰花可能会开在树上，但是在这里，它们只能在地上生长。

我们这里生长着好几种兰花。它们有像张开手指的小胖手一样的怪根，开花时非常漂亮。有的兰花虽然算不上最美丽的，但是和香子兰、舌唇兰、红门兰这些兰花相比，那可是相当漂亮，花香更是让人沉醉。

如果非要让我说什么兰花最杰出，我只能说是我近期在罗普什初次见到的那种兰花。那种花，我并不了解。

五朵漂亮的大花开在花茎上，我好奇地伸出手翻起了其中一朵的花瓣，立刻看见了一只奇怪的暗红色大苍蝇躲在花朵中，一动不动。我马上恶心地缩回了手，用麦穗向它抽去。但它仍然稳稳地待在那里。我靠近仔细看了看，原来这根本就不是苍蝇。它有个毛茸茸的身子，还布满了蓝斑，短短的翅膀也毛茸茸的，还有一对小胡子。但它的确不是苍蝇，当时我还不知道它是蝇状兰的一部分。

尼·帕夫洛娃

## 寻找浆果

阳光下的草莓成熟了，处处都可以见到这些熟透了的鲜红色浆果。多么香甜的浆果啊，只要吃上一口你就永远也忘不了。

沼泽地里，云莓已经成熟了；矮矮的树丛中，挂满了成熟的黑果越橘，多得数也数不清。草莓每棵最多结五颗。吝啬的云莓每棵只结一颗。而且，还不是每棵云莓都会结果，有些只开花，不结果。

尼·帕夫洛娃

## 这是哪种甲虫

我看到了一只甲虫，但是无法判断出它的名字和吃什么食物。

这种甲虫有一个和瓢虫相同的外表。可是，红色的瓢虫身上点缀着小黑点；这种甲虫全身都是黑色的，只比豌豆大一点儿，圆身子上长着六条小腿，会飞。它背上两片黑色的小硬翅下面，有两片黄色的软翅，当它翘起黑色硬翅扇动黄色软翅时，就能飞起来了。

更有意思的是，在遇到危险时，它的小腿会缩到肚皮下，触须和脑袋则会缩进身子里去。若此时将它抓在手里，你肯定不会认为这是一只甲虫，它更像一颗黑色的水果糖。

如果不碰它，过不了多久，它就会先后探出小腿、脑袋和触须来。

我很想了解这是哪种甲虫，能告诉我吗？

柳霞·留托宁娜（12 岁）

### 编辑部的回答

由于你的详细描述，所以我们很快就判断出了这是哪种甲虫。这是阎魔虫，属于盾蝽科。行动迟缓，像乌龟一样，还会将头脚缩进甲壳里，因为它的甲壳上有很多凹坑，因此才能藏得下它的小腿、脑袋和触须。

它们以腐败植物和动物粪便为食，有多种颜色。

还有种浑身长着小绒毛的阎虫是黄色的。和蚂蚁住在一起，它总是自由地飞来飞去，累了就回蚁窝，而蚂蚁在保护自己巢穴不被敌人破坏的同时，也在护卫着自己的房客阎虫。

## 燕　窝

**（选自少年自然科学爱好者的日记）**

**5 月 28 日**

邻居的屋檐下，有对燕子正在做窝，正对着我的窗户。我很开心，因为我能观赏到燕子那漂亮圆巢的建造过程了，从开建到竣工，整个施工过程都会在我的眼皮子底下完成。我更可以清楚地知道它们在窝中孵卵的时间，喂小燕子的方法。

我长久地注意着燕子们去哪里寻找建筑材料。在村中的小河边，燕子们降落到离水很近的地方，用嘴巴啄起一小块儿黏土后，立刻飞回家。在房檐下的墙上，两只燕子交替着将泥土粘上，然后再匆忙地飞回去取新泥。

**5 月 29 日**

虽然我看到燕子筑巢很开心，但是我又很担心。因为看见燕子做窝的并不只有我自己。住在邻居家的一只流浪公猫，明显也在关注着这件事。这只灰色的公猫毛发散乱，粗野不堪。在外流浪时，它的右眼在打斗中瞎了。你瞧，它一大早就爬上了屋顶。

它紧紧盯着来回穿行的燕子，不断偷看房檐下的燕子窝，看样子是在琢磨巢到底做好了没有。

看到这种情况，燕子们惊慌地叫起来，如果公猫不从屋顶上下去，它们就停止建巢。莫非燕子要离开这儿，找别的地方，不回来了？

6月3日

燕子的窝底这几天刚刚完成，一圈薄薄的，像镰刀一样的窝底紧贴在房檐下。但是流浪猫经常到屋顶上惊吓燕子，导致施工进度受阻。今天，燕子们午后出去就根本没有再飞回来过。看来它们是打算放弃这一建筑项目，很可能已经去另外寻找安全的地方了。那么这样一来，我就什么东西都看不到了，真是郁闷！

6月19日

最近一段时间天气很热。黑色镰刀状的窝底已经在房檐下变成了灰色，也已经变干了。一直不见燕子出现。白天，黑云将天空遮盖得严严实实，大雨从天上泼下来！晶莹透亮的雨滴组成了一道雨幕，挂在窗外。横流的雨水在街上汇成了一条条小河，河水漫过河岸，淹没了旷野，任性流淌。一脚踩下去，岸上的泥水已经没到人的膝盖了。

大雨终于在黄昏时停了。突然，一只燕子飞到了房檐下，将身子紧贴在那半成品的燕窝上，但是过了一会儿又飞走了。“或许公

猫并没有吓到燕子，只是它们这几天找不到湿泥巴。可能还要飞回来的。”我暗想。

6 月 20 日

燕子们果然飞回来了，但是并不是一只或者一对，而是一大群。大队人马聚在屋顶上来回盘旋着，不断看着屋檐下的泥窝，叽叽喳喳叫个不停，仿佛正在讨论或者争执着什么，神情焦躁不安。

大约过了十来分钟后，争吵不休的燕子们一下子全都飞走了。只有一只燕子用两只爪子紧紧抠住窝底，留了下来。它不断用嘴修理着泥窝的边缘，努力将自己黏稠的唾液涂抹在泥窝上。

我觉得，这肯定是泥窝的主妇。没过多长时间，一只雄燕飞了过来，将一小团泥从嘴里吐到对方的嘴里后，就再次飞去取泥了，母燕继续做窝。

公猫又一次爬上屋顶，但这次燕子没有惊叫，可见它并不害怕这只流浪猫。只顾着做窝的燕子夫妇一直忙到了晚上。

这样一来，我就能亲眼看到燕子将窝做完了！希望燕窝离在屋顶上徘徊的公猫的爪子远一点，但是燕子们应该不会选错地方的，它们知道在哪里做窝最安全。

驻森林记者　维利卡

## 白腹鹟的窝

5 月中旬一天的夜晚，一对白腹鹟在 8 点左右出现在了我家的花园里。我将一只带着活动顶盖的鸟窝挂在了板棚旁的一棵白桦树上。蹲在板棚顶上的它们很快就注意到了这只树洞状的鸟窝，很快，雄鸟飞走了，雌鸟飞上了我做的鸟窝，但是始终待在外面，

不往里钻。

两天后，雄鸟再次出现了。这次，它钻进了鸟窝，还在里面停留了一会儿，但是很快又钻出来飞到了苹果树上。

这时，一只红尾鹟飞了过来。一照面，两只鸟就大打出手。白腹鹟和红尾鹟都栖息在树洞之中，红尾鹟想从白腹鹟手里抢夺这只鸟窝。不过很明显，白腹鹟并不乐意。

一番争斗之后，这只鸟窝就成了白腹鹟夫妻的家，喜欢唱歌的雄鸟经常在窝里进进出出的。

一对燕雀飞到了白桦树上，白腹鹟不动声色。很明显，燕雀打不过白腹鹟，必须亲自动手做窝，而且，杂食的燕雀并不喜欢将树洞当成自己的家。

两天后的一个清晨，一只飞来的麻雀落进了白腹鹟的家。愤怒的雄鸟扑向麻雀，它们在窝里打了起来。

突然，窝里没有了声音。

我拿着棍子，赶忙跑到白桦树旁，敲了敲树干。从窝里飞出了惊慌的麻雀，雄白腹鹟却不见踪影。树洞形的鸟窝边，雌白腹鹟不停地盘旋、惊叫着。

我害怕雄白腹鹟因此丧命，向窝里看去。

浑身是伤的雄白腹鹟好像并没有生命危险，它正在守护着窝里的两只鸟蛋。

在窝里休养了很久的雄白腹鹟终于飞了出来。它看起来非常虚弱，落在地面上时，竟然遭到了几只母鸡的欺负。我怕它再遇到危险，就将它带回了家，喂它吃苍蝇。夜晚，我又把它放回了鸟窝。

一周后，我想再次探视一下雄白腹鹟，不料闻到了一股浓烈的腐烂味。雌鸟趴在窝里正在孵蛋，死去的雄鸟躺在它的身旁，身子靠着墙壁。

麻雀又进来打架了？还是第一架就使它受伤过重，最终丧了命？我实在搞不清。

径自孵蛋的雌鸟并没有钻出来，当我从窝里掏出死去的雄鸟时，它也没有任何反应。后来，它终于孵出了小鸟。

伏洛佳·贝科夫

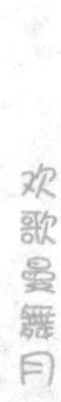

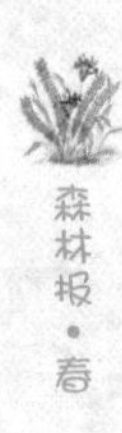



# 林间大战（续前）

各位还记得吗？我们的记者曾经写过一篇稿子，是关于那块儿被砍伐一空的空地的。他们在那里住了很长一段时间，天天等待着小云杉从空地中长出来，为空地换上绿衣。

几场暖雨后，很多碧绿的小苗出现在空地上。但这都是些什么植物呢？

首先钻出地面的是蛮横霸道的野草，压根儿就不是小云杉！瞧，莎草和拂子茅迅速向上长着，非常密集。拼命从地下往上钻的小云杉还是晚了一步，野草们已经彻底占据了战场。

第一场白刃战开始了。

挺着像矛一样尖利的树梢，小云杉艰难地刺穿了头顶上覆盖着的野草大军。野草们也不肯让步，数量众多的它们拼命压向树苗。此刻，地上和地下，双方正在恶战。

纠缠成一团的野草和树苗根须像凶猛的鼹鼠一样在地下乱钻。为了抢夺水分和营养，双方的根紧紧缠在一起，你掐我，我勒你，杀得死去活来。很多小云杉都被铁丝一样的草根给活活地勒死了，它们到死也没钻出地面，柔韧而结实的草根将它们留在了地底。

即便是侥幸突破野草的围追堵截，小云杉照样有被闷死的危险。因为野草的茎正紧紧缠绕着这些逃出重重包围圈的幸运儿。

小云杉使尽浑身解数向上生长，用尖利的树梢刺穿野草们富有弹性的、紧密编织在一起的茎。而野草则用茎死死缠住小云杉，尽力阻挠它向上生长，不让它见到阳光。

最终侥幸冲破野草重重阻碍的小云杉很少很少。

空地上的恶战打响时，白桦在河对面刚刚开花。而白杨已经做好了出兵的准备，即将在对岸登陆。

白杨树的柔荑花序里飞出了数百个头顶白色绒毛的种子，像无数个乘着白色降落伞的独脚小伞兵。

小绒毛被兴奋的风抓在了手中，轻灵地在半空中盘旋着，转着圈儿，飞过了河，缓缓地降落到空地上，一直落到了云杉王国的国境旁。

第一场雨将这些像雪一样落在云杉和野草头上的独脚小伞兵冲了下去，它们被埋在了地下，消失得无影无踪。

日子一天天流过，战争仍然在空地上继续着。不过很明显，面对云杉，野草已经力不从心了。

拼命向上长个儿的野草很快就长不高了，但是云杉还在不断向上窜。

此时，野草开始遭罪了。云杉的枝条黑黝黝的，上面缀满了密麻麻的针叶。现在，已经展开的枝条向野草头顶压过来，野草们再也见不到一丝阳光了。被树荫遮盖的野草逐渐枯萎，最终软塌塌地瘫在了地上。

这时，白杨也从地下钻了出来。一丛丛、一束束挤在一起，看起来怯生生的，不住地打着哆嗦。

迟到的它们已经没有实力和云杉一决高下了。

浓密厚重的云杉枝条和树叶向白杨的头顶压去，一片昏暗，树

荫下的白杨弯着身子逐渐枯萎了下去。喜光的白杨在缺少阳光的地方根本无法生存。

云杉马上就要获胜了。

此时，又有一群新的敌军空降到了这块空地上，是白桦。它们乘坐着双翅滑翔机飞过了河，落到了空地上。像白杨部队一样，它们一落到地面上也迅速躲进了地下。

我们的记者还无法知道它们到底能不能击败首批占领者——云杉。

他们的最新报道会在下期《森林报》上刊出。

# 农场纪事

现在，人们要做的事情有很多：在播完种后，要把厩肥和化肥运到田里，把肥料施上，为秋播做好准备。紧接着，菜园里也有活儿要做：先是种土豆，然后要栽种胡萝卜、黄瓜、芜菁、饲用芜菁和甘蓝。这个时候，亚麻也已经长高了，得去给它们除草了。

孩子们是不会闲在家里的。无论是田间，还是菜园和果园里，他们都是不错的帮手。他们帮着大人们栽种、除草、修剪果树等。农活多得干也干不完！他们用白桦枝条捆扎了无数把扫帚，一年也用不完；他们还采来嫩嫩的荨麻作汤料，用鲜嫩的荨麻和酸模做的绿菜汤非常好吃。他们还要去捕鱼：用鱼竿钓欧鲌、拟鲤鱼、红眼鱼、河鲈鱼、梅花鲈、小欧鳊鱼、小雅罗鱼。捉小狗鱼用网和鱼篓；撒下鱼饵则能捉到鲈鱼、梭鱼和鳕鱼。

晚上可以用捞网（在一根长杆子的顶端装上一个网框，在框子上装个袋形的网做成的一种捕鱼工具）捕到各种鱼。

晚上，在岸边布下虾网以后，就可以稳稳当当地坐在篝火旁，等着虾儿们自投罗网！这个时候，几个人围在一起，讲讲笑话，说些恐怖的故事，也是一件乐事啊！

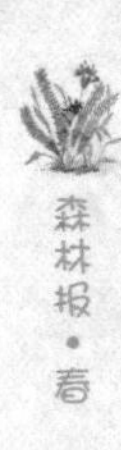



这时，秋播的黑麦已经齐腰高了，而春播的作物也不低了。清晨，灰色山鹑已经不再啼叫了。它还住在原来的地方，只是不像以前那样肆无忌惮地叫了。因为，它的窝里有蛋，母山鹑正在里面孵蛋呢！这个时候它要是再叫的话，恐怕会招来不小的麻烦呢。像鹞鹰、小孩儿们或是狐狸，都是掏鸟窝的高手，要是它们闻声赶来，那可就不妙了。

驻森林记者　安妮娅·尼基金娜

## 大人的小帮手

假期刚开始，我们少先队员们就开始帮大人们做农活了。我们帮着消灭害虫，除去庄稼地里的杂草。

我们干一会儿，歇一会儿，一点儿也不累。

田里还有好多事情等着我们做呢。庄稼就快成熟了，收割完以后，我们还要过去拾麦穗，帮着妇女们捆麦束呢！

驻森林记者　安妮娅·尼基金娜

## 新森林

在俄罗斯联邦的中部和北部地区，春季造林的活动已经结束了，新造的林带近 10 万公顷。今年春天，我国欧洲部分的草原和森林地区，各农场共同开辟了近 25 万公顷的新防护林带，而且，还开辟了大面积的苗圃，可以为明年提供近 10 亿棵不同品种的乔木和灌木树苗。

到了秋天，俄罗斯联邦还会有几万公顷的新森林出现呢！

塔斯社列宁格勒讯

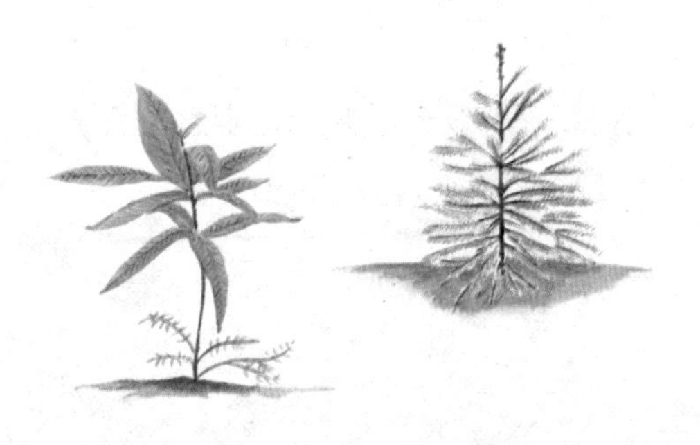

# 农场新闻

## 逆风帮忙

农场的突击队员们，收到了一封亚麻们的投诉信。信中，亚麻幼苗说，田里出现了杂草，这些敌人让它们吃尽了苦头。农场赶紧派妇女们帮助亚麻抗击敌人。她们严惩了敌人，对亚麻小心照顾。她们脱掉鞋子，光着脚丫，小心翼翼地顶着风往前走。但是，在她们的脚下，还是有不少亚麻被踩倒了。不过，一阵顶头风吹来，亚麻那细细的茎又被扶了起来。于是，亚麻又跟没事儿人似的，挺了挺身子，稳稳地站在那里。它们的敌人已经被消灭干净啦！

尼·帕夫洛娃

## 今天头一次

看啊！一群小牛，它们今天是头一次到牧场上，甭提有多高兴啦，你看它们正摇头摆尾地到处撒欢儿呢！

尼·帕夫洛娃

## 绵羊脱掉了皮大衣

红星农场的绵羊理发室里，有10位经验丰富的剪毛工人，正在用电推子给绵羊们剪毛呢！他们把绵羊身上的毛都给剪掉了，好像把它们给剥了一层皮似的！

尼·帕夫洛娃

## 妈妈在哪里？

绵羊妈妈身上的毛被牧羊人剪光后，才被送回绵羊宝宝的身边。

“妈妈，你在哪里啊？你在哪里啊？”绵羊宝宝哭喊着。牧羊人帮着绵羊宝宝们找到妈妈后，才回到理发室去给下一批绵羊剪毛。

尼·帕夫洛娃

## 牲口群壮大了

农场的牲口群又壮大了不少。今年春天，有许多小马、小牛、小绵羊、小山羊和小猪出生啦！

就昨天一晚的时间，“小溪”农场内小学生饲养员家的牲口群就增大到了4倍。刚开始的时候，这里只有一只山羊，现在有4只了：分别是山羊妈妈库姆什卡和三只小羊羔——库扎、姆扎和施卡里克。

尼·帕夫洛娃

## 重要的日子

果园里，一年中最重要日子到了。草莓已经开过花了；一株株圆圆的樱桃树上，布满了雪白的花朵。昨天，梨树枝头的花蕾也绽放了。就这一两天，苹果树也要开花了。

尼·帕夫洛娃

## 新生活农场

昨天，南方蔬菜——番茄搬家了，它们搬到了新生活农场的池

塘边。以前，它们生活在温室里；现在，它们与黄瓜做了邻居。这些番茄个个都年轻力壮的，正准备开花呢！但是，黄瓜们还太小，只能躺在白色的薄膜里，只敢露出个鼻尖儿！大地母亲小心地保护着这些孩子们，它可不想让那些嘴馋的鸟儿们发现了。黄瓜秧能不能快点长大？它们赶得上番茄吗？

尼·帕夫洛娃

## 帮帮六条腿的朋友

只要是说到农田里的昆虫，大家最先想到的就是一大群小小的、对庄稼非常不利的敌人。不过，大家可不要将那些六条腿的朋友们也算进去。它们的个头儿虽然很小，数量也很多，但它们待在田里是为了帮我们，它们为植物授粉做出了不小的贡献呢。这些六条腿、长翅膀的昆虫（蜜蜂、丸花蜂、姬蜂、甲虫、蝇类、蝶类），正在为黑麦、荞麦、大麻、苜蓿、向日葵等授粉，它们把花粉从这一朵花运到另一朵花上。

有些时候，这些小劳动者的力量太小，只能带过去一部分花粉，满足不了所有庄稼的需求。这个时候，就需要我们帮帮它们了。我们可以用一根绳子帮黑麦、荞麦、亚麻和苜蓿等授粉。找来一根绳子，两人一人拉一头，慢慢地从开花植物的梢头上拉过去，把它们的梢头拉弯。这样一来，花粉就会从花朵上落下来，随风散播到整片田地里，或者是粘在绳子上，再被带到别的花朵上去。在给向日葵授粉时，应当这样做：先将花粉收集在一小块兔皮上，然后再把这块兔皮像扑粉一样扑到开花的向日葵花盘上去。

尼·帕夫洛娃

# 城市要闻

## 列宁格勒的驼鹿

5月31日早晨，有人在列宁格勒的密切尼科夫医院旁，发现了一头驼鹿。最近几年，这已经不是第一次在市区内看到驼鹿了。大家猜得不错，这些驼鹿就是从弗谢沃洛斯克区的森林里跑来的。

## 说人话的鸟儿

有一位公民来到我们《森林报》编辑部，爆料道："早上，我正在公园里散步。忽然，有个哨音从灌木丛里传了出来，问我：'你看到特里什卡了吗？'那声音很响，音调也很直。我看了下四周没发现一个人，只有一只浑身通红的小鸟儿站在灌木丛上。我仔细打量了它一下，心想：'这是什么鸟啊？怎么叫得那么清楚？它问的那个特里什卡是谁？'它又接着问道：'你看到特里什卡了吗？'我向前迈了一步，想看得更清楚一点儿。但是，它却一溜烟儿钻进灌木丛不见了。”

这位公民看到的鸟儿叫朱雀，它来自印度。它的尖哨声，听起来的确很像是在问什么。不过，不同的人在听到它的叫声以后，都会根据自己的想法把它翻译成人话。有的人觉得它是在问：“你看到特里什卡了吗？”有的人则觉得它是在问：“你看到格里什卡了吗？”

## 海上来客

近来，有大批的小鱼从芬兰湾结群赶了过来。这些鱼是胡瓜鱼，它们是到涅瓦河里产卵的。渔民们这下可有的忙了，他们可以打到很多这种鱼。胡瓜鱼在河里产完卵后，就又回到海里去了。

海洋里有很多种鱼都会将卵产在江河里，然后再从河里游回到海里生活。不过有一种鱼却将卵产在深海中，然后再从深海游回到江河里生活。这种奇怪的鱼叫作铜板鱼，它们出生在大西洋的马尾藻海里。

你们是不是没有听说过它的名号啊？这也难怪：这种鱼只有在它很小而且还住在海里的时候才叫铜板鱼。那个时候，它浑身

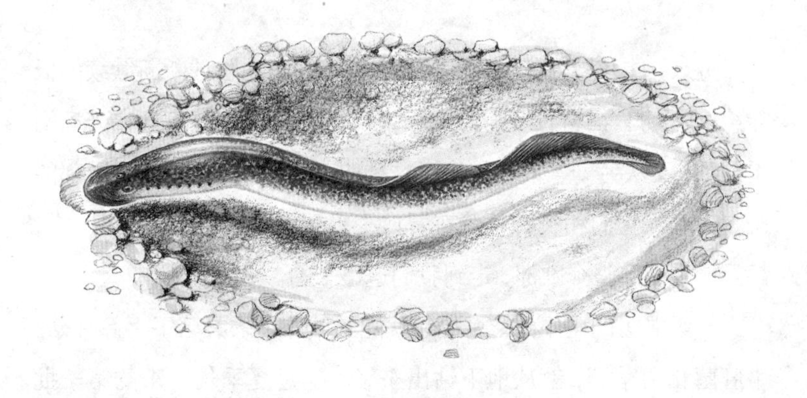

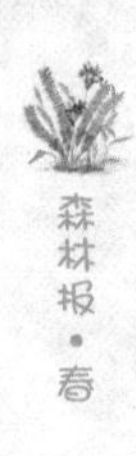



都是透明的，连肚子里面的肠子都能看得见，身子扁扁的，很像一片树叶。它长大以后，就长得与蛇很像了。

这时，人们才想起来它的真名——鳗鱼。

铜板鱼一般要在马尾藻海里生活三年，到了第四年，它们就会变成像玻璃一样透明的小鳗鱼。然后成群结队地游进涅瓦河。它们从大西洋那个神秘的深海家乡游到这里，途中要经历 2500 多千米呢！

## 试　飞

当你在公园里、大街上或林荫小路上散步的时候，还是多往头上瞧瞧吧！说不定哪只小乌鸦或是小椋鸟就从树上掉下来，砸到你头上了呢！现在，这些小鸟儿刚准备离开窝巢，它们正在学习飞行呢！

## 路过城郊

近来，住在城郊的人们，经常会在夜间听到一种断断续续的低啸声：“福奇！福奇！”刚开始的时候，这种低啸声只出现在一条沟里，后来又从另一条沟里传出了这种叫声。原来，这是路过城郊的斑胸田鸡。它们和长脚秧鸡有着血缘关系，而且与长脚秧鸡一样，都是徒步横穿整个欧洲，走到我们这里来的。

一场温暖的雨下过之后，你就能到城外去采蘑菇了。像红菇、牛肝菌和白菇等，都从地下钻出来了。这是夏季长出来的第一批蘑菇。它们有个共同的名字，即抽穗菇。这样叫它们是有原因的，因为它们出世的时候，正值黑麦抽穗。过不了多久，刚到夏末，它们就消失不见了。

当你看到花园里的紫丁香花凋落了，你就应明白，春天已经过去了，夏天就要来了。

## 有生命的云

6月11日，在列宁格勒市区的涅瓦河畔，有很多人在那里散步。天上一片云彩也看不到，气温还很高。房子里和柏油马路都被太阳晒得滚烫滚烫的，把人们烘烤得都快喘不过气了，孩子们也变得非常烦躁。

忽然，在宽宽的河岸那边，有一大片灰色的云彩浮了起来。人们都停下脚步，看着那片云彩。那片云彩飞得很低，都快贴到水面上了。大家看着它越变越大，当它们呼呼啦啦地将人群全都围起来的时候，大家才看清楚，这哪里是云彩啊，分明就是密密麻麻的一大群蜻蜓。只是一眨眼的工夫，周围的一切就很奇妙地变了样儿。这么多的小翅膀一起扇动着，竟然带来了一阵凉风。孩子们也不再烦躁了，他们还兴高采烈地看着：阳光透过彩色云母般的蜻蜓翅膀，在空中闪着多彩的光，就像彩虹一样。人们的脸也都变成了彩色的，有无数的小彩虹、光影和亮星星在他们的脸上闪烁着、跳动着。这片有生命的云飞掠过河岸的上

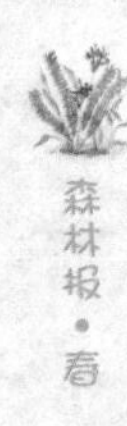


空，升高了一些后，飞到房屋后面就消失了。

这是一批刚出生的小蜻蜓，它们正成群结队地寻找新住处。不过，它们是在哪里出生的，又要飞到什么地方安家，是没有人知道的。这种成群结队的蜻蜓到处都有，很常见。如果你看到这种情形的话，不妨观察一下这些小蜻蜓是从哪儿飞来的，又要飞到什么地方去。

## 列宁格勒州新出现的野兽

近几年，在列宁格勒的叶菲莫夫区和附近的几个区内的森林里，猎人们经常会遇到一种当地居民都叫不出名字的野兽。这种野兽的身子跟狐狸差不多大小，它们就是乌苏里貉，或者称它们狸。

它们怎么会跑到这里呢？这个很好解释：它们是被火车运来的。一共有 50 只，只需把它们放进列宁格勒的森林里，仅仅 10 年的时间，它们就能在这里繁殖大量的后代。现在，法律已经准许猎人们猎捕这种野兽了。

乌苏里貉的皮毛非常珍贵。在列宁格勒，整个冬天都能捕猎它们。因为，在这里它们不冬眠。这里可没有它们的故乡那么寒冷，用不着冬眠。

## 欧　鼹

有不少人都觉得欧鼹是啮齿类动物，就像其他住在地下的鼠类一样，喜欢在地下刨洞，吃植物的根。大家这样想可就冤枉欧鼹了，因为它根本就不是鼠类。论长相的话，它们更像是穿着一身天鹅绒般柔软光滑的皮大衣的刺猬。欧鼹吃的是金龟子和其他害虫的幼虫，是一种以捕食昆虫为主的兽类，并不危害植物。因此，欧鼹对我们是有益的。

另外，若是有人觉得欧鼹在自家花园和菜园地里刨了洞，并将刨出的泥土堆在花台或是菜垅上，碰坏了花儿或是可口的蔬菜，千万不要因此生气。你可以平复下心情，找来一根长竿子，在上面装个小风车就行了。

只要风一吹，风车就会转起来。这样，长竿子就会抖动起来，就连下面的泥土也会跟着一起发颤，欧鼹的窝里就会发出嗡嗡的响声。如此一来，欧鼹们就会赶紧逃跑了。

少年自然科学爱好者　尤拉

## 蝙蝠的回声探测器

夏天的一个晚上，有一只蝙蝠通过一扇敞开的窗子飞进了屋里。“快把它赶走！快把它赶走！”小女孩儿一边慌忙用围巾包

住了自己的头，一边叫嚷着。旁边脑袋光秃秃的老爷爷嘴里却嘟囔道："它扑的难道不是窗户里的亮光吗，怎么会钻到你的头发里呢？"

早在几年前，科学家们还对蝙蝠能在漆黑的夜里飞行而不迷路大惑不解。为此，他们还做过这样的试验：他们将蝙蝠的眼睛蒙上，塞住它们的鼻子。但是，蝙蝠还是能在空中避开所有的障碍，即便是系在房间内的细线它们都能绕过去，非常灵巧地逃过了人们布下的天罗地网。在人们发明了回声探测器以后，这个谜团才被破解掉。现在，科学家们已经确认：所有的蝙蝠在飞行的时候，都会从嘴巴里发出一种人们听不到的、很尖细的叫声——超声波。这种声音只要遇到障碍物，就会反射回来。蝙蝠的耳朵可以"收听"到这些反射回来的信号，如"前面有墙"，或是"有线""有蚊子"等讯息。

不过，女孩儿那细密的头发却不能很好地反射超声波。光着头的老爷爷自然不用担心，但是，小女孩那一头细密的秀发，却被蝙蝠错误地当成"窗户里的亮光"了，那它冲着其中的一扇扑过去也就很正常了。

## 给风力定级

风小的时候，它们是我们的朋友。

夏天，在炎热的中午时分，若是没有一点儿风的话，我们就会觉得又闷又热。平静无风的时候，烟囱里冒出来的烟会笔直地往天空升去。如果空气以每秒不超过 0.5 米的速度流动，我们就不会感觉到有风，这时我们给它定为 0 级。

软风的风速为每秒 1~1.5 米，或是每分钟 60~90 米，或每小时 3.5~5.5 千米。这和人们步行的速度差不多，它们已经可以让烟囱里的烟柱歪向一旁了。这种风吹到脸上凉凉的，很舒服，吹着这种风呼吸好像也变顺畅了。这种风我们给它定为 1 级。

轻风的风速为每秒 2~3 米，也就是每分钟 120~180 米，或每小时 7~11 千米。和人们跑步时的速度差不多，在这种风的吹拂下，树枝上叶子也会沙沙作响，我们给它定为 2 级。

微风的风速为每秒 4~5 米，相当于每小时 14.5~18 千米。这和马儿小跑的速度差不多。这种风可以让树枝来回摇晃，还可以吹着纸折的小船儿到处跑。我们给它定为 3 级。

在气象学中，是这样给和风下定义的：能扬起路上的尘土，在大海上吹起海浪，晃动树木的枝干，风速为每秒 6~8 米。我们给它定为 4 级。

清劲风的风速为每秒 9~10 米，或是每小时 32~36 千米，这和乌鸦飞行速度差不多。这种风可以将树梢吹得呼呼作响，让森林里的细树干来回摇曳，令大海上涌起波浪，还能吹散蚊蚋。我们将这种风定为 5 级。

强风是会给人们捣乱的风。它会使劲儿地摇晃森林中的树木；把人们晾晒在绳索上的衣服抖落到地上；把人们戴的帽子扯下来；把排球吹向一边，阻碍球赛的正常进行。它的风速为每小时 39~49 千米，这与客车的行驶速度差不多。幸亏气象学家们在给风力定

级时，用的是 12 级制。否则的话，像我们学校内用的 5 级制，就不够用了。因为，气象学家们将强风分成了 6 级。

接下来，我们还会在第八期的《森林报》上继续刊登关于风的报道。在我们这里，秋天的风是最大的。

# 狩　猎

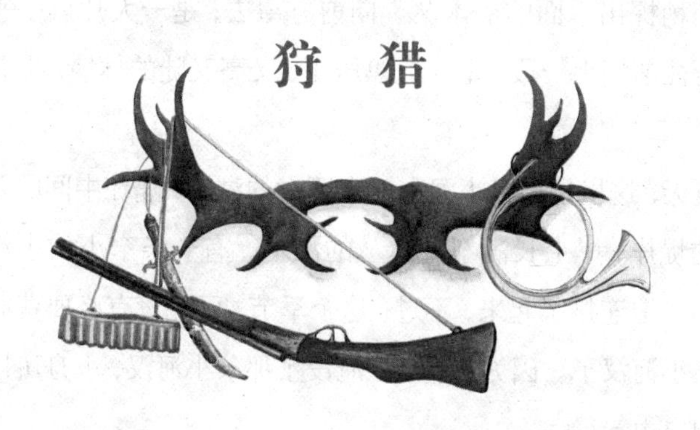

我国幅员辽阔，所以各地狩猎的时令会有所不同。在列宁格勒，狩猎季节早就已经结束了，而北方才刚刚进入汛期，正是狩猎的好时节。因此，那些喜欢打猎的人，在这个时节都赶往北方去了。

## 坐船进入汛期的茫茫水域

今天晚上，天空乌云密布，漆黑一片，仿佛已经进入了秋天的夜晚。

我和塞索伊奇乘着轻舟，顺着小河在森林中缓缓地前行。河岸看上去相当险峻。我划着桨，坐在船尾，塞索伊奇则坐在船头。他是一名优秀的猎手，打过各种各样的飞禽走兽。但是，对于捕鱼呢，这位老猎人经常嗤之以鼻，他瞧不起捕鱼的人。虽然说今天他就是和我去捕鱼的，但他仍然死要面子，说自己是去“猎鱼”的而不是用鱼钩、渔网之类的工具去钓鱼或者网鱼。

轻舟驶过峻峭的河岸就到了一片开阔地。这里，时而可以看见稍稍探出水面的灌木丛。向前方望去，是一大片黑乎乎的树影。再往前划上一段，是一道黑压压、又高又陡的林墙，那就是森林了。

夏天，这里是一条小河和一个不大的湖泊，隔在中间的是一条狭窄的堤岸，岸上长满了一丛丛的灌木。有一条窄小的小河汊将小河与湖泊连接了起来，不过，这个季节，已经没有必要费心去寻找那条小河汊了。因为，水已经淹没了那条小河汊，小舟可以在灌木丛中自由穿行。

船头固定着一块儿铁板，上面堆放着干松枝和松脂之类用来引火的东西。

塞索伊奇用火柴点燃了松枝。

穿行的小舟上，顿时篝火熊熊，红黄色的火光，映亮了宁静的水面，旁边光秃秃、黑黝黝的灌木枝干倒映在水里，在我们面前一闪而过。

然而，我们此时却没有闲情逸致来欣赏周遭的景色，只是凝神注视着船下，注视着湖面被照亮的地方。我轻轻地划着桨，船桨一次次地没入水中，小舟悄无声息地向前移动。

我的眼前，逐渐浮现出一个奇幻无比的世界。

我们已经到了湖中央。水底下，似乎潜藏着一些庞然大物。它们的脚爪深陷在水下的淤泥中，探出半个头颅，长长的发须纠结着漂浮在水面上，左右摇晃。它们是水藻呢，还是陆地上生长的草？

瞧！眼前这个黑洞洞的水潭，深不见底呢。或许，它并没有我们想象的那么深，只不过是因为篝火的光，仅仅能照到两米那么深而已。但是，望着黑洞洞的水面，仍然会觉得有些毛骨悚然。谁知道，这下面藏着的是什么呢？

突然，一个银白色的小球，从水面下升了上来，开始的时候，速度很慢，后来逐渐加快，形状也变得越来越大。

这个小球正对着我，飞快地飞到了我的眼前，马上就要冒出水面，射到我的脑门上了……

我不由自主地缩回了脑袋。

小球却逐渐变成了红色，钻出水面便破了。

原来这只不过是普通的沼气泡泡而已。

这一刻，我只感觉，自己好像是坐在宇宙飞船里，飞行在一个陌生的星球上空。

下面，几个岛屿倏然飘过，岛上长满挺拔的密密匝匝的林木，那是芦苇吗？

一个黑色的妖怪把自己的手臂弯曲成钩状，向我们不怀好意地摸了过来。这怪物看起来像章鱼，也像鱿鱼，但触手显然要更多一些，而且模样更丑陋，也更恐怖。这究竟是什么东西？

原来是一株淹没在水里的树啊，是一株残损的盘根错节的白柳。

塞索伊奇的动作引起我的注意，我抬起了头。

他站在船上，左手拿着鱼叉（他是个左撇子），双眼炯炯有神，紧紧盯着水里。他的那个样子，威武极了，看起来就像是一位满脸胡髭的矮个子军人，高举着长矛，想要刺死跪倒在自己脚下的敌人。

鱼叉的木柄有两米长，底端装着 5 根闪闪发亮的钢齿，呈倒钩状，插住鱼后能够确保鱼儿不会逃脱。

塞索伊奇的脸庞被篝火照得通红，他扭过头，朝我做了个古怪的鬼脸。我缓缓地停下了小舟。

猎人小心翼翼地把鱼叉伸进了水里。我朝下一望，只见河水深处有一个笔直的黑色带状物。起初我以为那是根棍子，但后来仔细一看，才看清楚，原来是一条大鱼的脊背。

塞索伊奇握紧鱼叉，慢慢地向水深处伸了下去，斜对着大鱼。后来，鱼叉止住不动了，他也僵住了，一动不动站着。突然，他把鱼叉竖直，说时迟那时快，如闪电般有力地刺进了黑色的鱼背。

湖面泛起了水花，他将猎物拖了出来，只见一条足有 2 千克重的雅罗鱼，兀自在鱼叉上挣扎。

小舟继续向前驶去。不久，我就发现了一条并不是很大的鲈鱼，它的脑袋钻在水底的灌木丛里，一动不动，像个冥想者。

这条鲈鱼离水面很近，我们甚至可以看清它腹部的那些黑色的纹路。

我瞧了眼塞索伊奇。他摇摇头。

我明白，他是嫌这条鱼太小，不值得猎取。所以，我们最终还是放过了它。

我们就这样在湖上划着船。水底世界的迷人景色，恍如电影片段似的一幕幕在我的眼前闪过。当塞索伊奇忙着在水里猎取猎物的时候，我还舍不得把视线从美景上移开呢。

又是一条雅罗鱼、两条肥大的鲈鱼、两条金色的细鳞冬穴鱼，它们陆续从湖底落到了我们小船的船舱中。黑夜马上就要过去了。此时，我们的船在被水淹没的田野上划着。燃烧着的枯枝和滚红的木炭掉落进水里，发出嗞嗞的响声。偶尔可以听见野鸭鼓动翅膀，在头顶上飞过的声音。在一片黑魆魆的树林里，有一只年幼的猫头鹰正在轻柔地叫唤着，似乎在反复地说："我在睡觉！我在睡觉！"灌木丛后传来小公鸭的叫声，声音优美，非常好听。

前方的水中，我突然发现了一段短原木。我忙把船头转向一边，免得撞上，却突然听到塞索伊奇低低地喝道：

“停……停……狗鱼！”

他兴奋地连话都说不清了。

鱼叉柄朝上的一段系着一根长长的绳子。塞索伊奇利索地将绳子的另一端缠在手上，仔细地瞄准目标，然后果断出手，用尽全身气力，向狗鱼刺去。这条大家伙竟然拖着我们的船游了一阵。幸好扎得深，它这才没能逃脱！

这条狗鱼看起来有15斤左右呢！

塞索伊奇费了好大力气，才把狗鱼拖到了船上。这时，天差不多快亮了。黑琴鸡叽叽咕咕的喧嚷声，透过薄薄的雾气，从各个方向涌进了我们的耳中。

“好啦，”塞索伊奇兴高采烈地说，“现在由我来划船，换你来

打猎。可别错过好机会呀。”

他把燃烧剩下的枯枝扔进水里，然后和我调换了位置。

清晨的凉风，吹散了氤氲的雾气。天空明朗如洗，多么美好、晴朗的早晨啊！

丛林边上的树木笼罩在一层薄薄的绿色轻雾之中，我们的小船沿着林边滑行。水面上，笔直地矗立着一些光滑的白色树干以及一些粗糙的云杉。向前方望去，森林就好像悬挂在半空中似的。近处，有两片树林在眼前荡漾，一片树林的树梢朝上，另一片树林的树梢向下。水面平滑如镜，奇妙地倒映着根根黑色或者白色的树干，清波荡漾，圈圈的涟漪，摇碎了水中丝丝缕缕的细树枝。

“做好准备！……”塞索伊奇轻声提醒我。

我们划过了一片被水淹没、亮光闪闪的林中空地，来到了白桦树林的边缘。在光秃秃的树梢枝头，栖息着一群黑琴鸡。让人感到不可思议的是：那么细小的枝梢，竟然没有被这些肥大的鸟儿压断。

雄黑琴鸡个头很大，身体壮实，脑袋小，尾巴长，尾巴梢上还拖着两根辫子似的长长的尾羽，浑身油黑的羽毛在明亮的阳光下尤其耀眼。那些雌的黑琴鸡，则是一身淡黄色的羽毛，看上去更朴实也更小巧。

丛林下的水面上也有一群黑色、浅黄色的大鸟，只不过是脑袋朝下，随着水波晃来荡去。我们离它们已经很近了。塞索伊奇小心翼翼地划着船，沿着林边行进。为了不惊动这些警惕性很高的鸟儿，我慢慢地举起了双筒猎枪。

所有的黑琴鸡都把小脑袋转了过来，瞅着我们。它们都很惊奇：那是些什么东西漂在水面上啊，会不会伤害我们啊？

鸟儿的思维是很慢的。现在，我们距离最近的那只黑琴鸡只有 50 来步了。可它还在紧张地摇头晃脑呢，似乎在寻思着：万一发生了危险，该往哪儿飞呢？它的两只脚交替着缩上又踏下，身下细细的树枝都被压得弯了下来。它惊慌中猛地扇了两三下翅膀，以维持着身体的平衡。

可是，它的伙伴们仍然站在那儿，无动于衷。所以，它也放心了，觉得没事了。

我开了一枪。轰隆一声，枪响了，巨大的响声从水面向树林飘了过去，像碰到了墙壁似的反射回来，传来了回声。

黑琴鸡乌黑的躯体，扑通一声，掉进了水里，溅起一大片水花，在阳光的照射之下，如彩虹般五颜六色的。其他黑琴鸡，猛烈地拍动着翅膀，一下子都从白桦树上飞走了，瞬间消失得无影无踪。

我急忙再次瞄准了一只黑琴鸡，又开了一枪，但没有打中。

不过，一大清早，就收获了这么一只羽毛丰满的漂亮鸟儿，难道还有什么不满足的吗？

"收获不错啊！"塞索伊奇高兴地向我道贺。

我们俩从水中拎起湿淋淋、低垂着翅膀的死黑琴鸡，不慌不忙地划着船，打道回府。

水面上，不时地有一群群的野鸭掠过；丘鹬尖叫着；沿岸的黑琴鸡叫得更欢了，更响亮了，那叽叽咕咕的声音，此起彼落，没完没了。此时，一轮红日高高地悬在了森林上空。

田野上，时而传来了云雀清脆的歌声。尽管昨夜一整宿没有合眼，但我们却丝毫没有倦意呢！

本报特约记者

## 放诱饵

熊又在我们这一带兴风作浪了。不是听说这个农场里的牛犊被咬死了，就是听说那个农场的母马被吃了。

塞索伊奇在会上发言，说得蛮有道理的，他说：

"我们不能傻坐着等到熊溜进来才动手，得及早采取措施。加甫里奇哈家的小牛犊不是已经死了吗？交给我吧，我拿它来当诱饵，好除掉那头熊。如果那头熊也来打我们的牲口的主意，那么，准保它会上钩。只要它敢来，准叫它有来无回，别想碰到牲口的一根毛。我已经想出办法对付它了。"

塞索伊奇是我们这儿非常出色的猎手。

农场把加甫里奇哈家的牛犊给了塞索伊奇，让他放手去干，好让大家以后过上安生的日子。塞索伊奇把死牛犊装进车，运到了森林里，放到了一块空地上，把牛头朝向了正东方。

塞索伊奇是打猎的行家。他知道，熊的疑心很重，是不会碰那些躺在地上头朝南或者朝西的尸体的，它会担心那是别人设下的圈套，会伤害到它。

接着，塞索伊奇在死牛的四周，用没有去皮的白桦树干，搭起了一圈低矮的栅栏。又在离栅栏20步远的地方，在两棵并排的树上，用树干、枝条搭起了一个小棚子。这个小棚子，离地面约两米高，就是用作夜间守候野兽的瞭望台。做完这些准备工作，塞索伊奇并没有急着待在瞭望台里，而是回家过的夜。

一个星期过去了，塞索伊奇仍是每天晚上回家睡觉，只是在早晨的时候，他才抽空去栅栏那边，围着它走了一圈儿，卷起烟，抽了一根，再思索一会儿，就又回家了。

于是，大家开始嘲笑他。几个小伙子挤眉弄眼，对他说：

"怎么着，塞索伊奇，待在家里睡热炕，做梦是不是更甜一些呢？你不喜欢在林子里守夜，对吧？"

他回答说：

"小偷没有来，守夜也白搭。"

对方又说：

"小牛可就要发臭啦。"

他答：

"那样，才好哩！"

他还是那么气定神闲，不慌不忙的，谁也拿他没办法。

塞索伊奇心里非常清楚该怎么做。他还知道，熊围着农场里的牲口群转，已经不是一天两天了。只不过，它发现眼皮底下就有一头死牲口，这才没有冒险去农场里祸害活牲口。

塞索伊奇也知道，熊已经闻到死牛腐烂的气味了，像人的尸体一样散发着恶臭味。可不是吗，他那双敏锐的眼睛已经看到围着死牛犊的栅栏四周有熊的爪印出现了。可它没动过牛犊。看得出

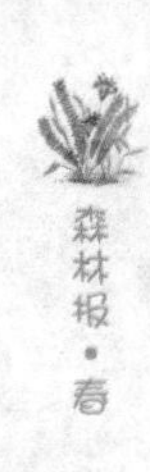


来，它肚子还不饿，要等尸体腐烂得更厉害一点儿，才美滋滋地享用这顿美味的大餐呢。这头毛茸茸的林中野兽就喜欢这种味道。

死牛犊在林子里放了一个多星期了，可塞索伊奇还是在家里过夜。

终于有一天，他根据脚印判断，熊已过了栅栏，并且从牛身上撕下一大块腐肉吃了。

当天晚上，塞索伊奇带好猎枪，爬上了瞭望台。

夜晚，森林静悄悄的，似乎所有的飞禽走兽都睡着了。

其实，也不尽然，也有不睡觉的。猫头鹰扑打着毛茸茸的翅膀，悄无声息地飞来飞去。它们这是在搜寻草丛中窸窣的野鼠；刺猬在林子里四处游荡，寻找青蛙；兔子在啃食白杨树的苦树皮，发出咔嚓咔嚓的响声；一只獾，刨着泥土，在寻找它所喜爱的植物的细嫩根茎。正在这时，熊悄悄地朝着牛犊摸了过去。塞索伊奇此时已困得抬不起眼皮了。在往常这个时候，他通常都已经睡得很沉了，这已成了他的习惯。现在，他困得直打盹儿。

忽然，咔嚓一声响，他猛地打了个寒战。

难道是他听错了？

不！不会的！

今晚虽然没有月亮，但是在北方初夏的夜晚，没有月色天也是很亮的。他清清楚楚地看见，在泛白的白桦栅栏上，正趴着一头浑身漆黑的大个头野兽。

熊已经爬到了篱笆里，大声地咀嚼，享用着美餐。

“别急！”塞索伊奇在心里嘀咕着，“我这里还有更好的东西款待你呢，我要请你尝尝我的铁丸子。”他稳稳地端起了枪，仔细地瞄准熊左边的肩胛骨。

轰然一声枪响，如雷鸣般惊醒了沉睡的森林。兔子吓得高高地蹦起来，离地有半米高；獾吓得呼噜噜直叫，慌忙往自己洞里钻；刺猬竖起了身上的尖刺，缩成一团；老鼠慌忙往洞穴里蹿；猫头鹰也赶紧藏进了云杉深处。

过了一会儿，森林重新恢复了宁静。各种昼伏夜出的动物，又都放开了胆，忙活着各自的事情了。

塞索伊奇爬下了瞭望台，走到栅栏边，卷起了一根烟，吧嗒吧嗒地抽了起来。然后，他才不慌不忙地回家去。天还没有大亮，还能回去再睡上一小会儿呢。

等到全农场的人都起了床，塞索伊奇对小伙子们说：

“我说，年轻人，套好大车去林子里把熊运回来吧。熊从此以后再也不会来祸害咱们的牲畜了。”

# 打靶场

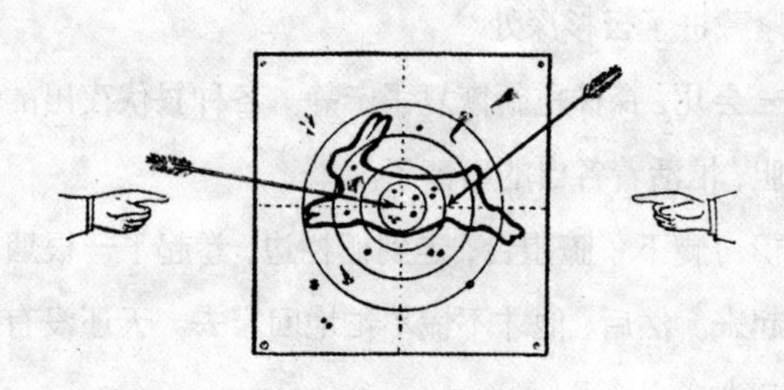

## 第三场竞赛

1. 哪些甲虫是用它出生的月份命名的？

2. 蚂蚱用什么发出啾啾的叫声？

3. 田鹬用什么发出叫声？

4. 为什么棕红色的麻鳽被称为“水中的公牛”呢？

5. 蜘蛛总共有多少条腿？

6. 甲虫有几对翅膀？

7. 哪些鸟儿是徒步从南方返回我们这儿的？

8. 椋鸟窝里孵出了雏鸟，那些破碎的蛋壳到哪里去了？

9. 哪种动物的耳朵长在脚上？

10. 什么鸟儿的叫声像小瘦猫的叫声？

11. 青蛙的卵和蛤蟆的卵有什么不同？

12. 长脚秧鸡的个头儿有多高呢？

13. 什么鸟儿的叫声像狗吠？

14. 哪种到南方过冬的候鸟是最后飞回我们这儿的？

15. 丁香花盛开的季节是春季还是夏季？

16. 树木根下，乱乱哄哄；树木中间，在钉铁钉；树木上头，烛火通明。（谜语）

17. 走路时用得着它，赶车时用得着它，生病时用得着它。（谜语）

18. 白如雪，黑如铁，绿如叶，转起来像中了邪，爬起树来像上

台阶。(谜语)

19. 有网一面，不是手编。(谜语)

20. 长长细细，落进草里，自己躲着，儿子出去。(谜语)

21. 求我来，盼我来，等我来到了，你又躲起来。(谜语)

22. 小牛般大小，就是头上不长角。宽脑门，细眼梢。不让摸，不让碰，千万防它钻牛棚。(谜语)

23. 刚出生的小娃娃，长着胡子一大把。(谜语)

24. 三个伙伴在一起：一个爱跑，一个爱躺，还有一个爱扭着身子挠痒痒。(谜语)

# 通 告

## 场景和音乐

### 良机莫失!

在静寂无声的林中，在长满芦苇和青草的湖上，可以欣赏最精彩的表演。观众们如果想要观看这场表演，请先在岸上搭一个小窝棚，藏在其中。

晴朗的早晨，两位盛装打扮的演员从草丛里游了出来。这是两只漂亮的鸟儿，嘴巴红红的，细细的，毛茸茸的衣领高高竖起，盖住了面颊。在朝阳的映照之下，闪耀着鲜明的古铜色光芒。这是两只潜鸟，也就是䴙䴘。你就静静地坐在那里吧，看看它们会有怎样特别的演出。

快看，它们就像接受检阅的队伍一样，肩并着肩并排在水

里游着。突然，好像是听到了“散开”的指令似的，各自分了开来，灵巧地向后转，面对面，鞠起了躬，优雅得就好像是要跳华尔兹一样。

然后，它们各自伸长脖子，仰起脑袋，微微地张开了嘴巴，好像是在严肃地发表演说。突然，它们又一齐低下了脑袋，一头钻进了水中，水波平静，没有激起半点的浪花！过了不大一会儿，它们又一前一后地浮出水面，在水上直直地挺立起整个身子，就像站在平地上一样。它们的嘴巴里衔着从水底捞上来的绿藻，彼此喂给对方，就好像在相互交换着一条绿色的小手帕似的。

看到这么精彩的表演，你禁不住会给它们鼓起掌来，可这一鼓掌，鸟儿都不见了，一转眼就消失在芦苇丛中了！

## “火眼金睛”大比拼

### 第二次测试

### 如何辨别以下动物?

图1

图1，请问如何根据在水面上的姿势辨别潜鸭和野鸭?

图2和图3，是我们这里的两种兔子，灰兔和雪兔。冬季，这两种兔子很容易辨别，因为一种是灰色的，另一种是雪白的。可是到了夏天，两种兔子都变成灰色的了，请问该如何加以辨别?

图2

图3

图4、图5、图6，是三种小兽。它们有什么区别？分别叫什么名字呢?

图4

图5

图6

下图中是三种蛇和一种没有脚的蜥蜴。哪一幅图是蜥蜴？三种蛇中，哪一种蛇是有毒的？它用什么咬人？哪些蛇是无毒的？

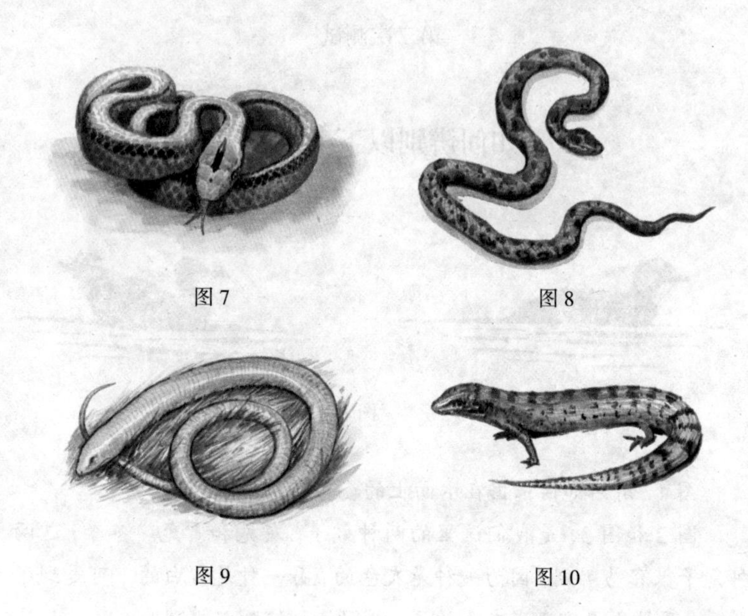

图 7　　图 8

图 9　　图 10

## 第一场竞赛

1. 3月21日。

2. 脏雪。因为深色更吸光，温度比较高。(黑帽子在夏天最热。)

3. 春天，软毛兽正换毛。脱掉浓密暖和绒毛的毛皮价值很低，而且，野兽在春天还要育雏。

4. 捕食的昆虫出现后，蝙蝠才飞出来。

5. 款冬、獐耳细辛、雪花莲。

6. 白山鹑：冬季雪白色，夏季布满斑纹。

7. 在雪化前，它变成灰色时；或在地上雪比兔先变颜色的时候。

8. 睁开的。

9. 浓密黑暗的森林里的树木会快速长向高处和有光的方向，没有下层叶子。开阔地上的树木有下层枝叶，枝叶向周围伸展得很开。

10. 小鹪鹩。不算尾巴只有3.5厘米长。

11. 鹪鹩和戴菊。个头相像，比蜻蜓要小。

12. 坚硬结实的鸟嘴会吃植物种子和浆果，这样可以啄开果核；薄长尖利的鸟嘴吃昆虫；钩状嘴是猛禽的，可以撕咬肉块儿。

13. 交嘴雀。

14. 兔子在冬天将这棵树啃光了。积雪在冬天达到 1 米深，兔子啃不到下面的树皮。

15. 3 月 21 日春分；9 月 21 日秋分。

16. 冰锥。

17. 春季来自太阳的热量。

18. 雪，融化以后成了潺潺响的小溪。

19. 黑马：河水；车辕：岸。

20. 冬季，白雪覆盖大地；春季，花朵盛开在大地。

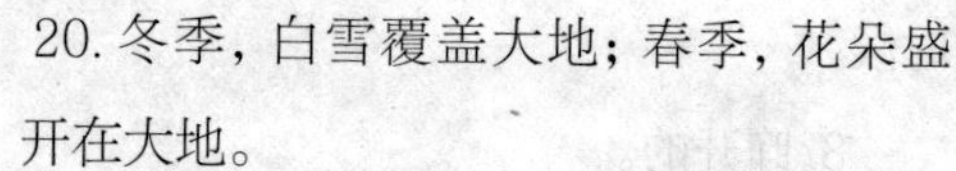

21. 雪。

22. 第二天。

23. 鹿。

## 第二场竞赛

1. 龙虾。

2. 羊肚菌和鹿花菌。

3. 泥土里有很多蚯蚓、甲虫幼虫和别的昆虫被耕地的犁挖出来。白嘴鸦啄食它们。

4. 扁平的是乌鸦窝，像盘子一样；圆的是喜鹊窝，有盖。

5. 不张网捕猎的蜘蛛。

6. 家燕。

7. 森林和花园的树洞里。

8. 将毛叼回筑巢，啄食牲畜老皮里的昆虫和它们的幼虫。

9. 候鸟，是家鹅和家鸭的祖先。野鹅和野鸭在春天飞过去的时候它们会想家，也想飞走。

10. 在地上做窝的鸟的卵和幼鸟会被春天突然泛滥的河水淹没。

11. 禁猎全部鱼类。4 月末，庞大的狗鱼会游到春汛形成的浅水区产卵，这时水面上就会露出它们的脊背，偷猎者会枪杀它们。

12. 爬虫。它们是冷血动物，气温一低，它们就冻僵了。若能吃饱，鸟儿就不怕冷。

13. 前舌尖。

14. 翅膀狭长、尖窄的是那些长在开阔环境里的鸟。很简单，浓密森林中生活的鸟为了不被树枝挂住，翅膀不会很长，它们的翅膀短、宽、圆。图中的翅膀是海鸥和喜鹊的。

15. 家燕。

16. 蜂箱，蜜蜂。

17. 甲虫。

18. 叮人的蚊子。

19. 雨水，地面，草儿。

20. 鱼。

21. 大地母亲。

22. 铃兰的花蕾和花。

23. 云。

24. 四条牛腿，两只犄角，牛尾巴。

## 第三场竞赛

1. 金龟子（5 月金龟子、6 月金龟子）。

2. 蚂蚱的腿有锯齿状的刺，翅膀上有钩。二者摩擦就会产生唧唧声。

3. 使用尾巴。

4. 雄麻鳽发出像公牛似的哞哞声。

5. 8 条腿。

6. 有两对翅膀长在甲虫背上。它用厚硬的外翅保护内翼，用内翼飞行。

7. 秧鸡，黑水鸡。

8. 破蛋壳被椋鸟用嘴从窝里叼走，抛到离窝很远的地方。

9. 蚂蚱的头部没有听觉器官，前面的一对小腿上有。

10. 黄莺。

11. 结成凝胶状、结成大团自由漂在水里的是青蛙卵，像凝胶一样并呈带状在水草上的是蛤蟆卵。

12. 比椋鸟稍大，比鸽子稍小（29 厘米）。

13. 雄白山鹑，它们会在春天求爱时发出类似狗的叫声。

14. 是有艳丽羽毛的鸟。我们这儿的树木换上翠绿的嫩叶时，它们才飞来。

15. 春季。夏季从丁香花凋谢时开始。

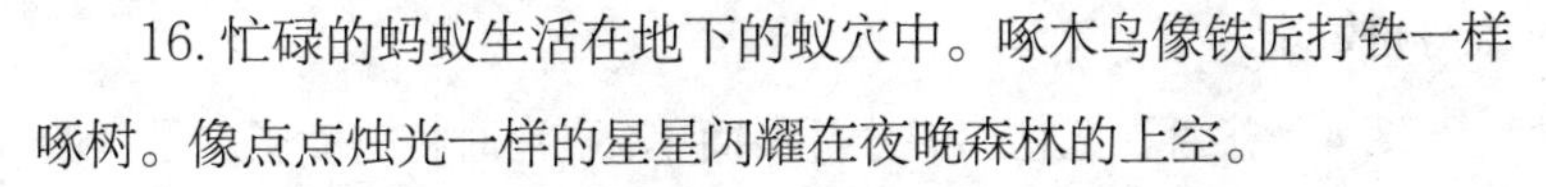

16. 忙碌的蚂蚁生活在地下的蚁穴中。啄木鸟像铁匠打铁一样啄树。像点点烛光一样的星星闪耀在夜晚森林的上空。

17. 白桦。枝条被路人砍下当手杖，树枝被驾车人当作马鞭，树汁被病人喝下治病。

18. 喜鹊。

19. 蜘蛛网。

20. 雨水。雨水落进了草丛，变成了溪水流了出来。

21. 雨水。

22. 狼。

23. 山羊。

24. 河，岸，岸旁的矮树丛。

# “火眼金睛”大比拼答案及解释

## 第一次测试

图1　天鹅。天鹅的脖子修长而柔软，飞翔时脖子会笔直地向前伸出，所以翅膀看起来像在后面，一双短腿被它缩了回去，所以看不到。

图2　鹤。飞翔中的鹤会像杆子一样直直地伸着自己的脖子和双腿。

图3　雁。飞翔时，它很像天鹅，但是脖子很短，而且灰色的雁身材娇小。

图4　苍鹭。把它和鹤分开很简单，飞翔时它的脖子总是弯曲着的，翅膀也弯得很厉害。

1. 白桦；2. 赤杨；3. 椴树；4. 山杨；5. 白杨；6. 栲树；7. 柳树；8. 枫树；9. 橡树；10. 榛树；11. 苹果树；12. 松树的针叶。

## 第二次测试

图1　右图为浅水野鸭。它的后身会在浮水时稍稍高出水面。觅食时会像家鸭一样将前身向下钻到水中。

左图是矶凫。浮水时，它的后半身会像小弓一样垂向水面；潜水时，全身都会钻入水里。

图2　雪兔。短短的耳朵。若向前弯，耳朵还够不着鼻尖呢。宽宽的爪子，圆圆的尾巴，尾巴根布满了小黑斑，灰灰的身体。

图3　灰兔。夏季很容易将它和雪兔区别开来，因为它整个身体比较大，毛色呈棕红或淡黄，耳朵长长的：如果把耳朵向前揿，则耳尖超过鼻尖。腿短，尾巴比雪兔的长，身上有长长的黑色斑点。

图4　鼩鼱。以昆虫为食的一种小益兽。

图5　老鼠。啮齿动物，有害。

图6　田鼠。啮齿动物，有害。

这三种小兽都很像老鼠。根据下列特点，很容易分辨出。嘴脸前挺，长鼻子的是鼩鼱，它身体弯曲着，藏在皮毛中的眼睛几乎看不见。老鼠和田鼠都长着短尾巴，没有长鼻子。

图7　无毒游蛇。

图8　有毒灰蝰蛇。

温柔无毒的游蛇头部两侧可以看到黄斑。危险剧毒的灰蝰蛇的背脊上有明显的印迹：弯曲的黑色花纹。

图9　蛇蜥，对人类有益的无脚蜥蜴。

图10　黑蝰蛇。

不要将黑蝰蛇当作游蛇。黑蝰蛇的头上没有黄斑。蛇蜥没有毒牙，对人类完全无害，因此可以拿在手中玩。如果捏住蛇蜥的尾巴，它还会迅速将尾巴断开逃跑，留下一截断尾。但是如果你抓着蝰蛇的尾巴，它会立刻扭回头用毒牙咬你。被咬之后，你就会中毒，严重的还会丧命。所以应该好好地学习如何将蝰蛇和游蛇区别开。蝰蛇有很多种颜色，从浅灰色到黑色都有。

蛇是用毒牙来咬人的，不会像蜜蜂和黄蜂那样蜇人。它的毒液在牙齿里，千万不要认为蛇分叉的尖舌头是蜇人的毒针，它的武器是毒牙。

# 基特的故事释疑

## 我的十次观察经历

我的头两次观察是准确无误的。那些有着一双乌黑翅膀的白色大鸥从大西洋、波罗的海飞来我国的涅瓦河上，这些并没有什么稀奇的。这些鸟被称为棕鸥。如果你叫得出它们的名称，得 2 分。

每当春季来临，海里面的潜鸭经常会从列宁格勒上空飞过，前往北方。其中许多潜鸭在潜入水中之后，就用自己的双翅划水，宛如人用双臂划水一样。如果你知道这一点，那么，你就得 2 分。

至于黑天鹅，很抱歉，就是骗人的。我们这儿没有黑天鹅。它们生活在澳大利亚，从来不飞来我们这儿。不过黑天鹅并不是我随便臆想出来的，是因为我们的猎人经常说他们见到过黑天鹅，只是从来不曾将它们打下而已。为什么会这样呢？这很好解释，因为当你在太阳底下，逆光看它们的时候，就会觉得它们是黑色的。我们列宁格勒郊外经常会有黄嘴天鹅（或称作大天鹅）和个头比它略小的小天鹅飞来栖息。但这两种天鹅都是白色的。猎人所谓的黑天鹅，可能就是逆光看见的这两种天鹅的某一种吧。经常会发生这样的事情：当一只海鸥向你飞来时，看上去整个儿是黑的！嘭，你向它开了一枪，击中了它！你捡起来一看，原本就是最普通的海鸥，身体是白的，只有翅膀尖儿是黑的。所以，如果你说黑天鹅只产在澳大利亚，那么你就可以得到 1 分。

假如你完全没有发现这是一个谎言，那么很抱歉，你只能得零分。但如果您能解释为什么天鹅会让人看上去觉得是黑色的，那你就可以给自己再记上 1 分。

流传着这么一种古老传说，似乎在海上漫长而疲惫的迁徙中，强壮健硕的鸟儿会让小鸟停到自己背上歇息，并驮着它们飞越重洋，来到我们这里。这当然只是一个传说，从来没有这样的事情。只有在赛尔玛·拉格洛夫的著名童话中的小尼尔斯，或者俄罗斯童话里的伊凡努什卡才会骑鹅飞行。一个少年自然科学研究者如果听信这样的无稽之谈，是不光彩的。从来不曾听说过类似于鸟儿当乘客之类的报道。如果你答对了，将得到 2 分。

椴树开花不在春季，而在仲夏。如果您记起这一点，也可以给自己记 2 分。

黑色的花并不常见，作者说的是错的。如果你能指出这个谎言，那么将得 2 分。

在春季的时候，绵羊确实用尾巴唱歌！

这里所说的是长脚田鹬。它们的嘴巴很长，歌声很响亮。在春季里，它们飞上天空，头朝下，尾巴朝上向下俯冲，尾巴和翅膀颤动的声音，听起来就好像羊的叫声。这是长脚田鹬在春季发情期玩的游戏，其实是在求偶。谁若是猜出了这是长脚田鹬，就可以得到 2 分。

难道会有这样的一种鸟——为了让自己更显眼一些，在夏天将临之际，它们像雪兔一样把一身雪白的冬装换掉，不过却不是换成灰色而是要换上在夏天很显眼的五彩斑斓的花色？是的，我们这儿的确有这么一种鸟：白山鹑。冬季它的羽毛白得如雪，夏季它的羽毛却是花的，五彩缤纷，这其实有利于它躲藏在长满苔藓的沼泽地上、丛林里，那里是它们的居住地。如果有谁知道这一点，那么就可以得到 2 分。

蝙蝠中午不飞行——错，作者说了谎！如果你答对了，将得到2分。

早春时节，确实有一些菌菇可以食用。这是鹿花菌或羊肚菌，它们可以食用且味道鲜美。如果你对此了解的话，那么，可以得到2分。